AF590617

LES ORIGINES

DU

CAOUTCHOUC

Ln 27
42107

BARON DE LA MORINERIE

LES ORIGINES
DU
CAOUTCHOUC

FRANÇOIS FRESNEAU
INGENIEUR DU ROI
1703-1770

LA ROCHELLE
IMPRIMERIE NOUVELLE NOEL TEXIER

1893

FRANÇOIS FRESNEAU

INGÉNIEUR DU ROI

1703-1770

Découverte et application, le caoutchouc est chose toute moderne.

Le savant La Condamine, au cours de sa *Relation abrégée d'un voyage fait dans l'intérieur de l'Amérique méridionale*, signalait en ces termes, à la date de juillet 1743, les propriétés d'une résine désignée sous le nom de *cahuchu* en la province de Quito: « Fraîche, on lui donne avec des moules la forme qu'on veut, elle est impénétrable à la pluie; mais ce qui la rend plus remarquable, c'est sa grande élasticité. On en fait des bouteilles qui ne sont pas fragiles, des bottes, des boules creuses qui s'aplatissent quand on les presse, et qui dès qu'elles ne sont plus gênées reprennent leur première figure. Les Portugais du Para ont appris des Omaguas à faire avec la même matière des pompes ou seringues qui n'ont pas besoin de piston : elles ont la forme de poires creuses, percées d'un petit trou à leur extrémité, où ils adaptent une canule de bois : on les remplit d'eau, et en les pressant lorsqu'elles sont pleines, elles font l'effet d'une seringue ordinaire. Ce meuble est fort en usage chez les Omaguas. Quand ils s'assemblent entre eux pour quelque fête, le maître de la maison ne manque pas d'en présenter une par politesse à chacun des conviés, et son usage précède toujours parmi eux les repas de cérémonie. »

En vérité, c'était un étrange raffinement de précaution gastronomique chez des sauvages !

La Condamine donna lecture de sa *Relation* à l'Académie des sciences, dans la séance publique du 28 avril 1745. Le cahuchu ou caoutchouc, avait-il soin de noter, ne figurait là surtout que comme trait de « coutume singulière. » On l'accueillit donc en souriant, à titre de curiosité.

Voilà pour la découverte.

L'aimable académicien lui-même n'y pensait plus ; — il n'y avait du reste attaché qu'un intérêt assez minime, — lorsqu'en 1749 il fut saisi par l'Académie d'un Mémoire sur le caoutchouc, œuvre d'un ancien ingénieur de la marine à Cayenne, qui, lors de ses fonctions, de 1732 à 1748, avait rencontré l'arbre Seringue, et, d'expériences en expériences, était parvenu à en dissoudre la résine et à l'utiliser d'une façon pratique.

Cette fois c'était l'application.

Le mémoire de l'ingénieur était bien fait pour piquer l'attention de ce grand curieux de La Condamine. Il en rendit compte à la docte compagnie, encadré dans un rapport élogieux, où, comme s'il pressentait l'avenir réservé au caoutchouc, il s'empressait de prendre date, rappelant que dès l'année 1736 il avait envoyé à l'Académie, par l'intermédiaire de M. du Fay, le directeur du jardin du roi, quelques rouleaux de cette matière d'aspect noirâtre, au sujet de laquelle il avait inséré une note dans son extrait d'observations du 24 juin. L'extrait n'ayant pas été imprimé, il jugeait à propos de le faire connaître au public, et il le reproduisait ainsi : « Il croît dans les forêts de la province d'Esmeraldas un arbre appelé par les naturels du pays Hhévé... Il en découle par la seule incision une résine blanche comme du lait ; on la reçoit au pied de l'arbre sur des feuilles qu'on étend exprès ; on l'expose ensuite au soleil où elle se durcit et se brunit d'abord extérieurement et ensuite en dedans. On en fait des flambeaux... J'ai appris depuis mon arrivée à Quito que l'arbre d'où distille cette matière croît aussi sur le bord de la rivière des Amazones et que les Indiens Maïnas la nomment caoutchouc ; ils en couvrent des moules de terre de la forme d'une bouteille, ils cassent le moule quand la résine est durcie : ces bouteilles sont plus légères que si elles étoient de verre et ne sont point sujètes à se casser. C'étoit tout ce que j'en savois... Dans les séjours que j'ai faits en divers lieux sur les bords de l'Amazone, et pendant le cours de ma navigation, j'étois surtout occupé d'observations astronomiques, de détails topographiques et de tout ce qui pouvoit contribuer à la perfection de la carte que je levois du cours de ce fleuve, ce qui ne me permettoit pas de donner aux recherches d'histoire naturelle tout le temps que j'aurois désiré... Comme je n'avois écrit aucun détail sur l'arbre qui produit le caoutchouc, ni sur la préparation de sa résine, j'attendois de nouvelles instructions du Para lorsque je reçus un mémoire qui laisse peu de chose à désirer sur ce sujet. Il est de M. Fresneau, chevalier de l'ordre militaire de Saint-Louis, ci-devant ingénieur à Cayenne, où il a passé quatorze ans. Après de longues recherches il a enfin découvert dans cette colonie l'arbre d'où distille le caoutchouc ; il s'est informé soigneusement des Indiens du Para de la manière dont ils le mettoient en œuvre. Il a fait ensuite lui-même, avec l'adresse et l'intelligence dont il a donné bien d'autres preuves, des expériences qui ont été suivies du plus heureux succès... »

C'est de la sorte que la plume de La Condamine amenait en scène le Mémoire de l'ingénieur Fresneau. Ceci se passait à la séance de l'Académie des sciences, le 26 février 1751.

Quel était cet ingénieur ? On consulte en vain tous les dictionnaires de biographie : ils ne le disent point. Son nom est à peine inscrit dans quelques encyclopédies, et encore, le plus souvent, d'une façon vague ou dédaigneuse : M. Fresneau, Fresneau, un nommé Fresneau, un certain Fresneau, un colon français.[1]

---

1. Le seul article qui donne quelque idée de Fresneau est celui du *Magasin pittoresque* (1855, pages 55 et 56). Il analyse son mémoire de 1749 et rapporte sur sa laideur et sa misanthropie une légende, puisée à je ne sais quelle source, et très fantaisiste. Sa figure, abîmée par la petite-vérole, n'offrait rien de repoussant ; son caractère ferme et tenace n'était certainement pas celui d'un misanthrope. Je crois démêler en ceci quelque racontar des Pères Jésuites de Cayenne avec lesquels Fresneau avait eu maille à partir.

La Condamine avait entrevu, au pas de course du voyageur ; Fresneau chercha et découvrit ; s'absorba dans l'expérimentation scientifique et trouva le premier la solution pratique et industrielle. On doit saluer en lui l'initiateur d'une invention des plus intéressantes et des plus populaires, par la multiplicité, l'imprévu et le bon marché de ses applications. N'est-ce pas une mémoire à tirer de l'oubli ? La tentative me plaît. J'ai sous la main divers documents qui me sollicitent ; j'en ai recueilli d'autres et je publie cette étude.[1] L'homme, d'ailleurs, était un philosophe, un curieux qui avait la passion de l'utile, dévoué au bien public, — un vrai patriote.

François Fresneau appartenait à une famille notable des Iles de Saintonge. On

1. Papiers Fresneau-Chasseloup-Laubat. — Archives de la marine. — Documents divers de mon cabinet.

sait d'après lui « qu'il étoit de condition. » Il avait pour père François Fresneau de La Ruchauderie, et pour mère Anne Regnauld, dame de La Gataudière. Il naquit le 29 septembre 1703, à Marennes, et fut tenu le lendemain sur les fonts baptismaux en l'église Saint-Pierre de Salles, par son bisaïeul, M. de Pinmuré, et par sa tante, Mlle de Beauroche — une La Morinerie.

Son père remplissait alors à Bordeaux les fonctions de receveur de l'émolument du sceau de la chancellerie près le Parlement ; plus tard il occupa une charge de secrétaire du roi. C'était un homme instruit, très expert en matière de droit féodal, ce qui lui offrait la ressource de pouvoir rédiger de nombreux mémoires en revendication et en défense contre les empiétements ou les prétentions de ses voisins. Il dirigea lui-même l'éducation de son fils. Celui-ci avait l'esprit grave, réfléchi et appliqué. Quand il fût en âge de songer à une carrière, son choix était fait. Le goût des sciences exactes et du dessin, peut-être aussi les conseils de M. de Beaupoil, l'ingénieur de l'île de Ré, beau-frère de sa sœur, Mme Du Vivier des Landes, avaient-ils influé sur sa vocation : il serait ingénieur. Pour cela, il fallait suivre des cours spéciaux, passer des examens ; en fin de compte aller à Paris. La mère jette les hauts cris. Qu'on ne lui parle point de Paris : un lieu de perdition. Certes les désordres du Régent et de sa cour, les scandales du Cardinal-ministre, les folies de l'exemple, les tripotages financiers, l'avilissement des caractères avaient bien pu effaroucher une honnête provinciale vivant de sa vie uniforme et régulière. Elle a peur, même sous le cardinal Fleury. Elle résiste donc ; lui, il attend. Elle finit par céder.

Voilà Fresneau à Paris en 1726. Il entre en pension rue Saint-Honoré, proche le Palais royal, chez Dupin-Duplessis qui lui donne des leçons de mathématiques et de dessin. Le professeur dut être content de son élève ; il lui rend ce témoignage « qu'il s'est fort appliqué pendant tout ce temps où il a fait beaucoup de progrès ; qu'il luy a conneu de l'imagination et une grande disposition pour tout ce qui concerne le génie. »

L'apprenti ingénieur suit également les cours de l'Observatoire, et le certificat de Cassini le montre « appliqué avec assiduité à l'Astronomie ; ce qui le met en état de faire avec succès dans les différents lieux où il plaira à Sa Majesté de l'envoyer, des observations astronomiques et géographiques pour être communiquées à l'Académie royale des Sciences. »

Ainsi préparé, Fresneau croit pouvoir, en mars 1728, affronter les chances de l'examen : ordre lui est donné en conséquence par le marquis d'Asfeld, le directeur général des fortifications, de se présenter devant Chevallier, membre de l'Académie des sciences, maître de mathématiques du roi, chargé de l'examen des ingénieurs. Il est reçu, et l'examinateur d'informer M. de La Ruchauderie que son fils a fait un bon emploi de son temps à Paris et qu'il l'a jugé très digne d'être porté sur l'état des ingénieurs. Il le déclare en outre « très instruit... et possédant tous les talens nécessaires... »

Malgré ces attestations de haute valeur, la nomination se fait attendre. Fresneau qui connaît le prix du temps ne demeure pas oisif et il prend du service « pendant cinq ans en France avec l'approbation de ses supérieurs. » Il le note sans plus de détails. J'y vois la marque d'un esprit soucieux de se perfectionner dans les diverses parties de sa profession. Au moment d'être nommé, une maladie longue et douloureuse se jette à la traverse : il est atteint de la petite-vérole.

En 1731, on le trouve encore à Paris. La prolongation de son séjour, l'absence de ses nouvelles semblent avoir mis le trouble au cœur de la mère : on s'inquiète au foyer de la famille ; on va jusqu'à suspecter la conduite du jeune homme : lettres sur lettres orageuses. Mais surgit un défenseur de la vertu outragée qui répond, et de bonne encre, aux suppositions de M. de La Ruchauderie :

« A Cramayel, ce 2 juin 1731.

On ne peut estre plus surpris, Monsieur, que je l'ay esté de voir par une lettre de vous et une de Madame votre femme, le mécontentement que vous témoignés avoir de

Monsieur votre fils qui asseurément ne le mérite pas. Je n'ay jamais veu un jeune homme si sage et si réglé. Il y a trois mois qu'il est icy à une terre de Mme la marquise d'Ambres, ma nièce, pour lever un plan en relief de cette maison. La plupart du temps il est seul icy à s'occuper. C'est le garçon le plus sage que j'aye connu, et dont les mœurs sont les meilleures. Je suis prest à l'attester devant Dieu et devant toute la terre. Repentés-vous donc, Monsieur, de votre injustice. L'état où l'ont mis vos lettres, Monsieur, m'ont excité de mon propre mouvement à vous écrire pour vous désabuser. M. votre fils a mille talents. Sans le malheur qu'il a d'avoir le visage gâté, il auroit de l'employ. Je fais ce que je puis pour luy en procurer.

Je suis, Monsieur, votre très humble et très obéissant serviteur :

Le Bailly de Mesmes. »

Quelle chaleur de conviction, jusque dans la brusque répétition du mot : Monsieur!

Le bailli est ambassadeur et représente le très vénérable ordre de Malte. La nièce est femme du marquis d'Ambres, lieutenant-général de la Haute Guyenne.[1] Lui, est le frère, et elle, la fille du comte d'Avaux, un des quarante de l'Académie française. Dans cette aimable famille de Mesmes, la dignité des mœurs et la bienveillance, comme l'esprit et le goût des lettres, sont héréditaires.

On peut avoir confiance dans l'excellent bailli : il a promis au père de s'employer pour son fils, et il tiendra parole. Mme d'Ambres agira de son côté avec cette persévérance féminine qu'un refus ne rebute pas, qui y puise un élément d'excitation, se passionne et ne s'arrête qu'après le désir accompli. D'ailleurs le rôle de protectrice sied si bien à la femme ! Mme d'Ambres compte au nombre de ses amis, le ministre de la marine, le spirituel, l'aimable, le léger,

---

1. Henriette-Antoinette de Mesmes, femme séparée de biens et d'habitation, sans enfants, de Hector-Louis de Gélas, marquis d'Ambres.

le futile Maurepas.[1] Auprès de lui elle entreprend sa campagne de solliciteuse, et elle parvient à enlever, le 19 août 1732, un brevet d'ingénieur à Cayenne pour son protégé. Avec quelle bonne grâce mêlée de raison et d'appréciations flatteuses, elle l'annonce à M. de La Ruchauderie !

« A Paris, ce 6 septembre 1732.

Il y a plaisir, Monsieur, à s'intéresser pour M. votre fils : c'est un fort bon sujet et qui mérite la protection de ceux qui sont en estat de luy rendre service. Il a des talens qui, à ce que j'espère, le feront réussir en quelque pays que sa destinée le conduise. J'ay été fort aise de luy procurer une partie

---

1. Notre célèbre jurisconsulte rochelais, Valin, dans son Commentaire de la Marine, a dit de lui : « Ce grand ministre s'est toujours autant distingué par son affabilité, que par l'étendue de ses lumières, la profondeur de ses vues et sublimité de ses talens. » Est-ce que l'histoire a ratifié en tout cet éloge pompeux ?

de ce qu'il désiroit. Je ne l'oublîray pas, et j'espère faire mieux pour luy par la suite. Je souhaite de tout mon cœur qu'il se trouve bien de s'estre adressé à moy. J'ay eu le temps de le connoistre, et je ne me suis employée pour luy que bien assurée qu'on seroit content de luy. J'espère que je ne me tromperay pas dans l'opinion que j'en ay. Je seray ravie, Monsieur, que vous et luy soyés contents de moy.

Je suis très parfaitement votre très humble et très obéissante servante :

De Mesmes marquise d'Ambres. »

Au tour du bailli — deux jours après — et il n'est pas moins expressif :

« Je me suis fait un vray plaisir de rendre tous les services qui ont dépendu de moy à M. votre fils qui a du mérite et beaucoup de talents. J'en agiray de mesme dans toutes les occasions qui se présenteront lorsqu'il sera question de son avancement. Mme d'Ambres est dans les mêmes sentimens que moy. »

Le jeune ingénieur a pour mission spéciale l'étude et la construction de nouvelles fortifications à Cayenne.

Après sa visite de remerciement à M. de Maurepas, Fresneau fait ses préparatifs de départ, et comme le ministre lui a recommandé la recherche des végétaux qui peuvent intéresser les collections du jardin du roi, il prend la balle au bond, et le 14 octobre, avant de s'embarquer à Rochefort, il lui envoie de Marennes le dessin et la description d'une plante qu'il a cueillie dans l'île d'Oleron : plante fort rare en France, paraît-il, et fort commune à la Guyane. Il en avait été question chez MM. du Fay et de Jussieu, auxquels Fresneau avait été rendre ses devoirs. A la prière des deux naturalistes, il prenait l'engagement de s'occuper de la culture des plantes de la Colonie.

Huit jours après, nouvel envoi au ministre : un paquet de graines de cirier de La Louisiane.

M. de Maurepas se met en frais de prompte réponse : sa lettre est du 28 octobre, pleine de bienveillance et d'encouragement. Il serait aise que, sans rien déranger aux soins de son service, Fresneau s'appliquât à la recherche de tout ce qui a trait à l'histoire naturelle, et il reproduit à ce propos le désir des deux savants du jardin du roi ; aussi a-t-il écrit au gouverneur, M. de La Mirande, et au commissaire-général ordonnateur, M. d'Albon, de lui permettre d'utiliser le terrain affecté autrefois au médecin-botaniste.

Le bon vouloir ministériel à l'égard de l'ingénieur se traduit encore le mois suivant par la faveur du passage gratuit, sur la flûte de l'Etat, d'un valet et de deux ouvriers avec leur subsistance, et de l'embarquement de ses effets, s'il y a place. Malheureusement la place a manqué, au grand désespoir de Fresneau : on n'a pu emporter tous les instruments que M. de Cassini lui avait donnés « pour faire avec luy des observations correspondantes astronomiques. » Cependant il fait sonner aux oreilles de M. de Maurepas le chant joyeux de l'arrivée : « Je ne laisserai pas passer l'occasion de la flûte du roi, *La Charente*, mande-t-il au ministre le 28 février 1733, sans avoir l'honneur de remercier

Votre Grandeur de ce qu'elle a bien voulu me destiner pour cette colonie où tout le monde est fort affable, l'air très bon et tempéré, et où l'on trouve pour ainsi dire à chaque pas des curiosités. » Il y a aussi le revers de la médaille : c'est la difficulté de se loger dans la ville et la cherté des vivres; mais il espère que le ministre lui accordera tous les ans un tonneau de fret. On ne lui donnera pas le terrain du médecin-botaniste ; il en aura un ailleurs, le long du jardin des Jésuites, — lequel deviendra pépinière à discussions avec les Révérends Pères.

Voici maintenant l'ingénieur tout entier à ses travaux. En quelques mois il a dressé le plan de la Ville, du fort Saint-Michel et de la Savane, un état des réparations à faire aux défenses de l'île et deux projets de nouvelles fortifications : l'un de ces projets consiste à creuser un fonds devant le front du bastion Dauphin, avec différents ouvrages secondaires, et l'autre beaucoup plus étendu n'est rien moins que l'agrandissement de la ville, la réfection du fort et de l'enceinte et l'ouverture d'un port.

Fresneau qui tient à faire acte de diligence, a transmis ces diverses études, avec un mémoire instructif, à M. de Maurepas, dès le 27 avril. Le vieil ordonnateur d'Albon trouve que l'ingénieur s'est un peu pressé : il aurait dû communiquer, au préalable, ses projets au gouverneur et à lui, afin de pouvoir procéder ensemble à leur examen et de leur permettre de donner un avis. L'observation est très juste, et l'ordonnateur semble fort aise de signaler le fait au ministre ; toutefois, il veut bien reconnaître que « le sieur Fresneau est un jeune homme sage, attentif, et qui lui paroist avoir beaucoup d'acquist ; il luy manque un peu plus de pratique et d'usage du pays où tout le nécessaire est difficile à recouvrer et le manège bien différent de celui de France. » Cette absence de pratique pourrait bien signifier autre chose, comme l'on verra par la suite.

L'adoption du grand projet de Fresneau entraînerait l'Etat dans des dépenses beaucoup trop considérables : la Cour demande qu'on lui présente un projet plus restreint, et qu'on se borne, quant à présent, à réparer les fortifications actuelles. Du reste, fort, bastions, enceinte, casernes, corps de garde, sont dans le plus triste état : l'ingénieur aura de la besogne.

Fresneau est né au bord de la mer, en pleines salines de la Seudre et de l'île d'Oleron : c'est la richesse de son pays ; il y voit l'avenir de la colonie ; son idée serait d'y établir des marais salants ; il envoie sa demande de concession. Impossible de la lui accorder : depuis 1729, la concession appartient à M. d'Audiffredy, l'un des officiers de la place. Le saintongeais ne se tient pas pour battu : persévérant de sa nature, il reviendra à la charge au moment opportun.

On doit bien penser qu'au milieu de ses travaux, il n'a garde d'oublier sa protectrice ; c'est par des attentions, souvent renouvelées, qu'il se présente à sa mémoire. Souvenirs variés, petits cadeaux parfois encombrants, à chaque départ du vaisseau de l'administration qui fait la traversée de Cayenne en France, s'en vont à l'adresse de la marquise d'Ambres : madriers de bois violet, billes de bois Benoît, bûches de férole, café, objets rares et singuliers ; le tout sous le couvert de M. de Maurepas. La marquise riposte par l'envoi d'un tonneau de fret : c'est le gouvernement qui paie. Puis encore elle obtient pour son protégé un logement dans les magasins du roi ; elle fera l'impossible pour qu'il réussisse dans son entreprise de marais salants ; enfin elle n'aura cesse de solliciter toutes grâces en sa faveur. Je relève ce passage intéressant de sa lettre du 5 décembre 1733 :

« Je suis ravie que vous soyez content du climat de Cayenne et que vous vous y portiés bien. Je serois fort aise que vous me fissiés un détail de l'isle, des habitans, de leurs mœurs, de leur commerce, de leur façon de vivre et de ce qui croît plus communément dans l'isle. Quand vous m'écrirés des lettres un peu longues, envoyez-les-moi avec une double enveloppe à l'adresse de M. de Maurepas. Ecrivez-moy, je vous prie, exactement par toutes les occasions... Vous me feriez plaisir, quand vous en aurés le loisir, de me faire une relation fidèle et exacte de votre voyage, du tems que vous avez été en mer et des différentes choses qui se sont présentées à vous. » Elle termine par les compliments de son oncle, l'ambassadeur de Malte.

Nul doute que Fresneau n'ait rempli, au gré de son désir, le programme de la marquise, avec l'intelligence de l'observateur et la galanterie de l'homme du monde. Cette correspondance n'est pas arrivée jusqu'à nous, et je le regrette : on y perd des notes intimes, des remarques précises et des aperçus ingénieux.

En cette même année 1733, une de ses sœurs — il en avait trois — la plus jeune, épousait M. de Loubert, et je retrouve à cette occasion la bienveillante intervention de Mme d'Ambres : elle fait accorder au nouveau marié la lieutenance de la Capitainerie garde-côte de l'île d'Oleron.

Notre ingénieur a bien l'esprit de son métier : la fertilité dans l'invention. La culture du cacao avait été depuis peu introduite dans la Guyane. Le sol et le climat s'y prêtaient à merveille, surtout le long des terres baignées par le Camopi. Au début, les plus belles promesses avaient excité l'ardeur des colons ; mais la difficulté des communications, puis l'envahissement des fourmis rouges, étaient venus jeter parmi eux le découragement. Fresneau veut essayer de ranimer ces espérances en désarroi. Pour cela, il cherchera une route qui abrège la distance de Cayenne au Camopi et un moyen d'arrêter les ravages des insectes.

La voie suivie alors par l'Oyapock et le Camopi était fort longue et présentait de grands dangers à cause des sauts qu'il fallait franchir. Il étudie un chemin plus court et plus sûr ; malheureusement la constatation de son tracé sur place entraîne une dépense d'environ 1,800 livres, et l'ordonnateur refuse le crédit, sous la pression d'un Père Jésuite qui recommande un autre tracé.

L'ingénieur sera plus heureux dans sa lutte avec les fourmis. Il a combiné un appareil de destruction ; il en adresse le plan au ministre avec un mémoire à l'appui. C'est Mme d'Ambres qui va patronner l'invention. Le 16 novembre 1734, réponse de Maurepas à Fresneau : il montre un peu d'incrédulité à l'égard du succès de la machine ; « mais, reprend-t-il, quoi qu'il en arrive, je seray toujours satisfait de cette marque de votre application et de votre zèle, et très disposé à vous procurer les grâces du Roy dans les occasions. »

La machine aux fourmis n'avait pas fait toute seule le voyage de Cayenne ; elle accompagnait une caisse de plantes et d'objets divers. Il y avait entre autres des simarouba et des échantillons de chandelles d'aroucy. Joie ineffable de du Fay ! Il en veut quelques pieds, et à ce sujet lettre instante au ministre : il faut cultiver l'aroucy dans la colonie, étudier son fruit, etc. Le ministre ne voit rien de mieux que de transmettre la lettre à Fresneau, le 7 décembre, avec ses recommandations personnelles pour la plantation et pour l'emballage. Il veut être mis au courant de ses essais de culture et de toutes ses découvertes ; il l'entretient de la vanille, qui n'est pas rare dans le pays, et qu'il serait précieux de propager ; enfin il lui renouvelle sa satisfaction « de son application à la découverte des arbres et des plantes qui peuvent être utiles à l'Etat, au commerce et à la Colonie. »

La machine contre les fourmis est un véritable triomphe pour l'inventeur. Il en avise le ministre avec une certaine complaisance: il y entrevoit un titre à l'avancement. « Elle réussit si bien, écrit-il, qu'elle trouve les fourmis mortes à sept pieds en terre. » MM. les officiers du roi étaient présents au massacre ; et La Mirande de constater pareillement les merveilleux résultats obtenus par Fresneau. « Il a trouvé moyen de détruire les fourmis qui désolent cette colonie par le moyen du soufre qu'il souffle à leur tanière, dont j'ai vu faire l'épreuve. » Ce n'est qu'un chant de victoire : Le cacao est sauvé ! Du soufre et des soufflets ! Un soufflet pour M. le gouverneur, un soufflet pour l'ordonnateur, sept soufflets pour les Jésuites ; eux, ils les feront venir de France, etc., etc. Les fourmis n'ont qu'à bien se tenir.

Fresneau, que ce succès encourage, donne

toutes voiles au vent à son imagination : conceptions sur conceptions. Après la machine aux fourmis, c'est un engin destiné à faciliter le service de ses travaux : une sorte de grue armée de deux chandeliers à l'aide de laquelle il opère rapidement la montée des terres du talus des fossés et leur transport à longue distance sur le sommet des remparts ; c'est un moulin à bras propre à moudre le manioc, à piler le mil, à enlever le parchemin du café, à le vanner, comme toutes autres espèces de graines ; c'est un pressoir pour retirer l'eau de la racine du manioc ; c'est un plan de défense du nouveau poste d'Oyapock.

Ces diverses manifestations d'intelligence et d'activité échauffent le zèle des amis de Paris. Fresneau, parti avec le grade de lieutenant réformé, voudrait bien passer capitaine. Autant que son amour-propre, le service du Roi y est intéressé : il s'élève de temps à autre des difficultés de préséance entre lui et les officiers de la garnison qui, de la sorte, se trouveraient aplanies. Donc le bailli et Mme d'Ambres renouvellent leurs démarches. L'oncle plaide chaleureusement la cause du futur capitaine, la nièce enchérit sur l'oncle. M. de La Ruchauderie qui sait avec quel soin le terrain a été préparé, se risque à présenter une demande à M. de Maurepas, et il en reçoit la promesse de faire valoir auprès du Roi l'application, le zèle et les talents de son fils en vue de son avancement à la première occasion.

Voilà le ministre engagé ; et Mme d'Ambres a pu écrire, le 9 janvier 1735, à M. de La Ruchauderie qu'à force de solliciter le ministre et de lui représenter « toute l'utilité dont M. Fresneau est à Cayenne », elle a enfin obtenu qu'il sera fait capitaine réformé cette année. Et en femme qui a la coquetterie de son succès, elle ajoute : « Je me flatte que vous devez estre contens de moy, l'un et l'autre. »

Maurepas, sans cesse tenu en éveil par l'excellente marquise et par Fresneau qui ne manque aucune occasion de lui rendre compte de ses travaux, veut bien lui confirmer ses bonnes dispositions. Dans sa lettre du 25 janvier, il le complimente de la machine aux fourmis ; il recevra avec plaisir le mémoire et le plan du poste d'Oyapock ; quant à l'entreprise de la route du Camopi, il la considère comme une nouvelle preuve de son zèle ; il lui en sait très bon gré ; mais il n'a pas cru devoir l'approuver : « elle causeroit des peines et des dépenses auxquelles il ne paroît pas convenir de se livrer. »

Sur ce point la correspondance ministérielle reflétait l'opposition du gouvernement de Cayenne et en particulier de l'ordonnateur. Les rapports entre M. d'Albon et Fresneau étaient quelque peu tendus et menaçaient de le devenir davantage. D'Albon habitué à faire le maître porte très haut le sentiment de son autorité et il a de grandes exigences de respect. Le plus ancien de tous les officiers de la colonie, il a vu passer devant lui je ne sais combien de gouverneurs, ce qui n'a fait que développer en lui l'idée de son importance : il est l'homme indispensable ; Cayenne, c'est lui ; seulement il se fait vieux, il est usé, il devient sourd. Ecoutez Fresneau : « Son grand âge lui fait branler la tête. » Néanmoins « son zèle est digne d'un héros, » proclame Villiers-Adam, le commissaire-contrôleur. Et toujours sur la brèche, il mourra à 80 ans. Un tel caractère supporte difficilement les observations, même sur les choses qu'il ignore ; certaines velléités d'indépendance, certaines représentations de l'ingénieur en matière de travaux le surprennent et l'irritent. Fresneau n'est plus « ce jeune homme sage et attentif » des premiers jours ; la note change : « Il prétend ne m'estre en rien subordonné, mais seulement à M. le gouverneur. » Ainsi fait-il montre de sa mauvaise humeur dans sa correspondance avec le ministre. Le fait est que tout marche assez mal dans la colonie. La Mirande, faible et souffrant d'ailleurs, laisse faire ; d'Albon blâme sans cesse, ne trouve rien de bien et contre-carre les idées de Fresneau. Ses amis les Jésuites n'épargnent pas non plus leurs critiques. « Bien des gens se mêlent icy plus que de leur métier : » réflexion de l'ingénieur. Peu à peu échange de mots aigre-doux entre lui et le P. de Montville. Ce bon Père ne s'est-il pas avisé de discuter sur les angles saillants de la fortification, sur l'emplacement des batteries de canon ? Un propos de lui : « L'ingénieur a l'esprit carré. » Prompt à la riposte, l'ingénieur rabat drôlement le propos du Jésuite: « Qu'il se mêle du canon de sa messe et nous laisse ménager les nôtres tranquillement. Il me taxe d'avoir l'esprit carré ; il faut que le sien soit cubé. » Et voyez jusqu'où va cependant sa concession : il s'offre à donner des explications, « n'étant ni mystérieux ni charlatan. »

A ce jeu de coups d'épingles, Fresneau perd son logement. Il croit bien que c'est « le payement de ses remontrances. » Il va loger dans la campagne, à une demi-lieue de Cayenne. Là, il fonde une habitation ; il engage huit nègres à son service ; il fait des plantations de cannes à sucre et d'indigo, des semis de plantes et d'arbres ; il n'oublie pas les espèces que lui a signalées du Fay ; il monte une machine à sucre de son invention, etc., etc.

Cependant une bonne nouvelle lui arrive

de France. Maurepas a tenu parole : une lettre du 10 novembre 1735 lui annonce sa nomination de capitaine réformé. Le ministre n'avait pas attendu le rapport du commis de la marine qui, après coup, en transmettant la pétition de l'ingénieur, y avait apposé cette mention en marge : « Le sieur Fresneau sert très utilement à Cayenne et il paroît convenir de luy accorder sa demande. » C'était déjà fait. Et Mme d'Ambres de se réjouir. Elle est heureuse que ses soins aient amené ce résultat ; avec le temps elle espère obtenir encore mieux; elle ne négligera rien pour le faire valoir. Il est découragé, elle le remonte ; et comme elle a appris qu'il a eu des difficultés avec les autorités de la colonie, elle se permet quelques représentations sur la conduite à tenir vis à vis ses supérieurs : elle l'exhorte à tâcher de vivre en bon accord avec eux. L'admonestation revêt la forme la plus sage et la plus douce : « Il est bien difficile de pouvoir se faire rendre justice de si loin ; ainsy le plus sûr et le plus heureux pour vous est d'avoir la paix, de vous faire distinguer par vos découvertes et vos travaux utiles. C'est parce que je m'intéresse à vous que je vous donne ce conseil. » Enfin, comme la marquise songe à la date du jour : 12 janvier 1736, elle souhaite à son protégé « toutes sortes de fortunes pendant le cours de cette année, » et le prie de lui donner de ses nouvelles le plus souvent qu'il pourra. La lettre renferme aussi des remerciements pour l'envoi d'une peau d'acouchi et des compliments de la part de M. le bailli de Mesmes et de M. du Fay, toujours avide des curiosités de l'île.

On s'est conformé aux instructions de la Cour : on travaille sans relâche à réparer les fortifications, et Fresneau modifie entièrement son grand projet : celui-ci est terminé vers le milieu de l'année 1736 et placé sous les yeux du Roi. Tout en approuvant ses dispositions générales, le Roi demande qu'on le rapproche d'un ancien plan dressé par Renau lors de sa visite aux colonies. Il veut d'ailleurs que l'on s'arrête à un ensemble de constructions proportionné au nombre d'hommes dont on peut disposer pour la défense de la ville. Maurepas transmet, le 29 décembre, l'expression de la volonté royale. Il invite l'ingénieur à se concerter avec le nouveau gouverneur, M. de Cresnay, qui remplace La Mirande, décédé le 30 août dernier, et avec M. d'Albon, pour arrêter le projet définitif après examen des deux plans. Il comprendra dans son étude l'établissement du faubourg et un petit port pour les pirogues et les canots. Il devra déterminer les contingents à fournir par les habitants, noter les parties à faire faire au moyen des corvées, évaluer les dépenses de main d'œuvre et prescrire la nature des matériaux à employer ; en attendant, assurer toujours la sûreté de Cayenne par l'exécution des ouvrages les plus pressants.

La question des matériaux offrait de sérieuses difficultés. Les bois ne manquaient pas, mais la pierre dure faisait défaut. Fresneau en demandera à son pays : il fera venir des pavés de Saint-Savinien et des carreaux de Beaugeay. Il aura besoin de briques : son esprit inventif lui en procurera. Avec un mélange de vase de mer et de sable recueilli sur la plage à la fin de l'hiver, il réussit à fabriquer une brique excellente et à peu de frais. Ceci lui vaut, le 29 décembre, les félicitations de Maurepas qui l'admoneste en même temps à propos de ses démêlés avec l'ordonnateur. La semonce qui s'appuyait sur les principes du respect de la hiérarchie ne tirait guère à conséquence, puisqu'en fin de compte la dépêche ministérielle se terminait par un satisfecit de sa conduite.

La brouille de l'ordonnateur et de l'ingénieur était survenue à l'occasion de l'emploi des corvées de nègres. M. d'Albon et, à son exemple, les autres officiers ne se gênaient point pour les appliquer à leur usage personnel, au préjudice des intérêts du Roi et de la chose publique. Les travaux en souffrent; la responsabilité de l'ingénieur s'en émeut; sa conscience, son rigorisme dans le devoir répugnent à cet abus. Il n'admet pas ces sortes de détournements, ni certains écarts aux règles administratives, auxquels l'éloignement de la mère-patrie assure l'impunité. Viennent des observations, mal prises, reçues avec hauteur. D'Albon a pu dire qu'il manque à Fresneau « de la pratique du pays où le manège est bien différent de celui de France. »

Cependant les anciens bastions et l'enceinte avaient été réparés ; on commençait un canal de communication et une jetée ; on délivrait des concessions de terrain dans la Savane pour le futur faubourg. D'Albon avait critiqué, mais les plans de Fresneau étaient sortis victorieux malgré sa mauvaise humeur, et il n'y avait plus qu'à les couvrir de l'approbation royale. Sur ces entrefaites, M. de La Ruchauderie a demandé un congé pour son fils. Mme d'Ambres s'est chargée d'enlever la permission ; elle l'a enlevée effectivement et elle a pu annoncer la nouvelle au père le 5 janvier 1737, et au fils le lendemain, la veille même du jour que Maurepas obtenait la signature du Roi.

Fresneau ne viendra pas les mains vides. Il rapportera une caisse de plantes à M. du Fay, des bois curieux à M. de Maurepas, et pareillement à Mme d'Ambres, et pour elle en outre une provision de café. « Il n'est pas, lui dira la marquise, tout à fait si parfait que le café de Moka, mais il est meilleur que celuy d'aucune autre isle. » Aussi en veut-elle une balle « par commission » et non autrement.

Le congé autorise Fresneau à passer en France et à y séjourner un an pour vaquer à ses affaires personnelles. Il est à Marennes dans les premiers jours d'août. Le 12, il informe M. de Maurepas de son arrivée : il apporte ses plans, sa caisse et ses bois. Ceci lui vaut, dès le 30, les remerciements du ministre.

Le congé pour affaires qui devait durer une année seulement se prolonge au-delà. Il y avait effectivement une affaire sérieuse à traiter et à conclure : un mariage. Le 10 juin 1738, Fresneau épousait Mlle Cécile Solain-Baron, fille d'un lieutenant de vaisseau, officier de port à Rochefort. Il était aussi retenu par cette affaire de fortifications pour laquelle il attend l'audience du ministre. Mais le ministre ne se presse pas ; il va et vient. Il est à Paris, à Compiègne, à Versailles, à Fontainebleau, dans ses terres.

Un bon billet de son secrétaire Laporte que celui-ci :

« A Fontainebleau, le 12 novembre 1737.

Monseigneur le comte de Maurepas doit, Monsieur, partir d'icy dans deux ou trois jours. Ainsy il seroit inutile que vous vous donnassiés la peine d'y venir, et il suffira que vous vous présentiés à luy, à son retour à Versailles. Je seray charmé de pouvoir vous y assurer que j'ay l'honneur d'estre, très parfaitement, Monsieur, vostre très humble et très obéissant serviteur :

LAPORTE. »

Et c'est seulement à dix mois de distance qu'un autre billet — celui-là de Maurepas — daté du 15 septembre 1738, en réponse à une lettre de rappel de Fresneau, mandera l'ingénieur à Fontainebleau dans les quinze premiers jours d'octobre, pour l'examen de son projet.

Fresneau se rend de suite à Paris ; il descend à l'hôtel d'Harcourt, rue de La Harpe ; il se présente chez le ministre à Fontainebleau. Si l'audience s'est longtemps fait désirer, elle répare amplement les désespérances et les ennuis de l'attente. Ce jour même, Maurepas annonce à l'ingénieur sa nomination de capitaine en pied, pour prendre rang le 1er octobre, et en plus l'allocation d'une gratification extraordinaire de 500 livres.

Le gouverneur de Cayenne, M. de Cresnay, mort le 2 décembre 1736, le major de la place, d'Orvilliers, avait pris le commandement jusqu'à l'arrivée de M. de Châteaugué, appelé aux fonctions de gouverneur le 9 juillet 1738. L'immuable d'Albon remplit toujours son rôle de commissaire-général ordonnateur, et avec lui continuent les tracas, les difficultés et les lenteurs.

C'est sur ces entrefaites que Fresneau a rejoint son poste ; mais à peine débarqué, il va repasser la mer. M. de Châteaugué a reçu ses plans en communication, il les adopte ; seulement il juge indispensable que l'ingénieur vienne lui-même « rendre compte à la Cour des fortifications de la Colonie, » et il écrit au ministre : « Nous nous reposons sur luy de prendre les mesures convenables à ce projet : il connoît le fort et le faible de Cayenne. » Muni, en conséquence, d'une autorisation spéciale du gouverneur, datée du 6 mars 1739, il est parti pour la France. Maurepas, prévenu de son retour, lui mande de Compiègne, par un billet du 28 juillet, qu'il le fera appeler dès qu'il sera nécessaire.

Fresneau attend donc son audience à Marennes. Ses compatriotes bien avisés vont profiter de sa présence parmi eux. Depuis longtemps le grand chenal de l'Epine, entre Marennes et Brouage, était devenu impraticable par suite de l'envahissement des sables. Les riverains intéressés à son rétablissement demandent à l'ingénieur de leur prêter le concours de son expérience. On est certain qu'il acceptera, car l'inaction lui pèse : il n'est pas homme à demeurer les bras croisés dans sa province, soupirant après le rendez-vous de M. de Maurepas. Il dresse le devis ; seulement il veut s'assurer que le ministre n'ira pas à l'encontre. Celui-ci consulté répond favorablement, toutefois avec cette réserve que, bien entendu, l'opération ne devra pas retarder le retour de Fresneau à la Guyane. Voilà une plaisanterie digne de Maurepas ! Si quelque chose doit retarder le retour de l'ingénieur, ce n'est point le devis du chenal de l'Epine — un travail de ce genre n'exige pas une longue préparation — c'est l'éternel projet de fortifications de Cayenne dont l'approbation est toujours en suspens.

Le ministre se décide. Fresneau reçoit sa convocation pour Fontainebleau, vers le 20 novembre, aux termes d'une lettre de Laporte. Il se met en route. La marquise d'Ambres lui a écrit le 12 octobre à Marennes : elle espère bien le voir à son passage. S'il a besoin d'elle, elle s'y emploiera « de bon cœur. Vous connoissés ma façon de penser pour vous. » Comme toujours, force compliments de M. l'ambassadeur de Malte.

Maurepas a reçu l'ingénieur. Le 13 décembre, de par le Roi, nouvelle gratification de 300 livres à Fresneau « pour son voyage à la Cour. »

Mais le projet ? Quand sera t-il adopté ? La Cour sera bien forcée de sortir de son insouciance : le ciel politique s'assombrit du côté de l'Allemagne ; on prévoit de graves événements. Enfin, le 9 novembre 1740, Maurepas notifie l'approbation royale, avec accompagnement d'instructions et de recommandations instantes pour mettre sans aucun retard la colonie en état de défense et à l'abri de toutes surprises.

Dès son retour à Cayenne — le temps est précieux — Fresneau veut faire marcher de front les réparations aux casernes et aux corps de garde avec les travaux neufs compris dans son projet ; mais il lui faut encore lutter contre l'inertie, la nonchalance, les chicanes de d'Albon. Par sa faute, ni bois, ni planches, ni bardeaux. Les casernes croulent, on ne peut que les faire étançonner. A chaque demande de Châteaugué, il répond n'avoir pas d'argent. Il y a des marchés à passer ; il n'en fait rien. Châteaugué lui demande en grâce de les laisser faire par l'ingénieur « qui s'y entend mieux que lui ; » il ne juge pas à propos de répondre. Le gouverneur ronge son frein ; Fresneau se désespère : c'est l'ordonnateur qui veut s'occuper de tout, et sur tout jette l'embargo. Il y a des heures où le découragement et le dégoût l'envahissent. Il est ici depuis neuf années et il y perd son temps : ni gloire, ni profit ; il mange son bien et celui de ses enfants ; il demande son changement. Son beau-frère Baron, qu'il a fait placer auprès de lui comme sous-ingénieur, n'a rien à faire et voudrait partir. Alors, comme pour donner un autre cours à ses pensées, il était revenu à son entreprise de marais salants : M. d'Audiffredy y avait renoncé. Lui, compte bien être plus heureux. Cette fois, le ministre est consentant ; et pour faciliter l'opération, il donne l'ordre au gouverneur d'interdire tout établissement similaire dans la colonie ; en même temps il autorise l'embarquement d'un saunier que M. de La Ruchauderie doit envoyer à son fils.

L'année 1741 débute mal. Enfin, à la suite d'une altercation très vive avec Châteaugué, d'Albon s'est décidé à commander des matériaux. Au mois de juillet on a du bois ; en décembre on a des fonds. M. de Maurepas annonce à Fresneau une provision de 10,000 livres en recommandant tout à son zèle. Les travaux sont poussés avec entrain. Du reste, les circonstances l'exigent ; la mort de l'empereur Charles VI avait mis le feu aux poudres. La France et l'Angleterre se retrouvent en présence et vont se heurter. Sur mer le choc sera terrible. Les flottes anglaises couvrent l'Océan et menacent nos colonies. A Cayenne, vers la fin d'août 1742, grâce aux prodiges d'activité de Fresneau, soutenu par l'énergie de Châteaugué, on a pu terminer les casernes ; les soldats vont être renfermés ; le chemin couvert s'avance; les remparts sont taillés ; on achève la berme du pourtour. Et satisfait de son œuvre, l'ingénieur commence à croire le temps venu de demander la croix de Saint-Louis. Il prépare les voies. D'abord il sonde le commis Laporte, et fort adroitement : on ne saurait mieux placer six belles billes de bois satiné. Laporte est charmé du présent ; mais il ne pense pas que la proposition puisse être faite encore. Mme d'Ambres, qui est dans la confidence, se dévoue comme d'ordinaire ; elle agira pour elle et pour son oncle, car le digne bailli a cessé de vivre depuis le 2 février 1741.

Les billes de bois satiné de Laporte manquaient d'éloquence ; il n'en sera pas de même du gentil avocat que Fresneau a envoyé défendre ses intérêts auprès de la marquise, et qui lui vaudra en échange ces lignes charmantes :

« A Paris, ce 7e novembre 1742.

Je ne vous ay point oublié, Monsieur ; je vous assure que je parle souvent de vous à M. de Maurepas, et que je voudrois bien obtenir tout ce que vous désirés et tout ce que vous mérités. Quand je serois capable de cesser de penser à vous, la petite perruche que vous m'avez donnée m'en rappelleroit sans cesse le souvenir. Je l'aime plus que jamais : c'est la plus jolie créature du monde. Assurés Mme votre femme que je luy sçaurai toute ma vie un gré infini du sacrifice qu'elle m'en a fait. Faites-luy, je vous prie, bien des complimens et amitiés de ma part et soyés persuadé, Monsieur, de l'intérest que je prends à votre avancement. Je suis actuellement à Cramayel où je revois avec plaisir mon petit plan et tout ce qui me vient de vous. Ne doutés jamais de l'estime particulière que j'ay pour vous et des sentimens avec lesquels je suis très parfaitement, Monsieur, votre très humble et très obéissante servante :

De Mesmes d'Ambres. »

Mme Fresneau avait effectivement suivi son mari lors de son dernier voyage.

A la fin de l'année 1743, la ville de Cayenne se trouvait complètement fermée du côté de la terre et l'on commençait les travaux du côté de la mer. On attend de la pierre pour les plates-formes des batteries et du bois pour les poternes. Les projets primitifs avaient du reste été fortement augmentés. Toutes les propositions de Fresneau étaient adoptées maintenant d'urgence. Une écluse sur la cunette de l'angle saillant du bastion Dauphin est nécessaire. Maurepas s'empresse d'envoyer l'approbation royale et ses félicitations pour la prompte exécution des travaux de la place.

Il fallait agir avec cette rapidité. Dès le mois de juin 1741, les corsaires étaient venus ravager les côtes. En novembre 1744, d'autres corsaires avaient surpris et détruit de fond en comble le poste d'Oyapock. Sur divers points, descentes, pillages et incendies d'habitations. On est sur le qui-vive à Cayenne. Les barques ennemies passent et repassent devant la ville. Impossible de communiquer avec la France : aucun bâtiment ne peut se risquer hors de la rade ; aucun bâtiment n'y arrive. La situation devient de plus en plus critique. Elles sont dures à passer les années 1744 à 1746. Châteaugué parti le 5 juin 1743, c'est d'Orvilliers qui fait face à l'orage. On se multiplie tout autour de la place ; on ajoute ouvrages sur ouvrages ; on palissade les endroits faibles ; on construit des poternes dans les courtines ; on fraise les flancs des bastions. « Nous sommes en état de soutenir un fort siège, » assure Fresneau. Mais « à quoy servent des fortifications, quand on manque d'hommes et de munitions pour les défendre ! » s'écrie d'Orvilliers. La correspondance par chiffres du brave officier à Maurepas n'est qu'un long cri de détresse, une supplication, un appel au secours : des soldats, des fusils, de la poudre, des canons, des affûts, des vêtements, des souliers, des médicaments, des vivres ! « Il ne sait où donner de la tête. »

Et Fresneau, brisé par la fatigue et les veilles, par les émotions de la vie intime, la santé chancelante de sa femme, la mort d'un de ses enfants, les privations, la mauvaise nourriture, tous « réduits à la seule cassave, » croit avoir droit au repos. En 1746 il renouvelle sa demande de changement. Une première fois le ministre l'avait prié d'attendre jusqu'au jour que son beau-frère Baron serait en état de le remplacer.

Mais il tient absolument à rentrer en France : son désir serait d'être employé dans un port. Un congé d'ailleurs lui est nécessaire. Il a réussi à faire embarquer sa femme et ses enfants, le 25 juin, sur un vaisseau marchand de La Rochelle. Le ministre lui répond, le 22 août, qu'il ne peut l'attacher à une place maritime où le service des fortifications se fait toujours par les ingénieurs de terre ; que cependant s'il persiste à vouloir quitter Cayenne, il est prêt à le placer convenablement dans une autre colonie ; du reste, à quelque parti qu'il s'arrête, il le propose pour la croix de Saint-Louis ; quant au congé, il y souscrit volontiers. Le 25, le Roi signe en effet un permis d'un mois.

A propos de ce congé et de la décoration, nouvelles démarches de Mme d'Ambres, et lettre du ministre à la bienveillante intermédiaire, le 27 octobre, pleine des mêmes promesses.

Le mois que Fresneau a passé en France auprès des siens n'a fait que lui rendre son isolement plus pénible, et plus intense la soif de son départ et de son changement. En 1747 il demande le poste d'ingénieur à l'île d'Oleron. Ceci motive un billet autographe de Maurepas à Mme d'Ambres :

« A Fontainebleau, 26 octobre 1747.

La place d'ingénieur à l'isle d'Oleron ne dépend pas de moi, Madame, et quoique ce soit une isle, la nomination en appartient à M. d'Argenson, suivant l'arrangement fait entre nous. Je ne crois pas que, vu le nombre d'ingénieurs qui ont servi en France et dont ces sortes de places font ordinairement la retraite, il veuille l'accorder au s^r^ Fresneau qui est étranger au corps du génie ; mais s'il ne tenoit qu'à certifier sa capacité, quoique j'eusse regret à le perdre, je le ferois, Madame, avec grand plaisir par l'intérest que vous y prenés. Mme de Maurepas me charge de vous remercier de votre souvenir. Elle a, depuis qu'elle est ici, souffert de son estomac et de la teste, mais elle va toujours, et est mieux depuis quelques jours. J'ai l'honneur d'estre, avec l'attachement le plus respectueux, Madame, votre très humble et très obéissant serviteur :

MAUREPAS. »

Fresneau a de plus en plus la nostalgie de la France. Il se sent malade ; d'ailleurs il souffre réellement d'un gonflement excessif de la lèvre inférieure rebelle à tout traitement. Le médecin de la colonie, Artur, lui a appliqué sans succès tous les remèdes possibles, « ce qui nous fait craindre avec raison, porte sa consultation du 26 juin 1747, que le mal n'aille toujours en augmentant, par la dilatation continuelle des vaisseaux lymphatiques qui nous paroissent être le siège du mal ; lesquels, forcés et comprimés avec violence par la partie rouge du sang qui s'y est coulée, ne peuvent que s'ouvrir et se dilater de plus en plus, successivement, surtout dans un climat aussi chaud et aussi humide que celui-ci, où le sang raréfié à un certain point par la chaleur, force et distend davantage les parois de ces vaisseaux relâchés par l'excessive humidité ; sans parler de l'action immédiate du soleil, sur ces parties délicates, qui y a souvent occasionné des déchirements et des hémorrhagies qui pourroient devenir considérables et dangereuses... »

Conclusion : Revenez en France. Certificat prodigieux ! cette description du mal rappelle un peu les explications savantes et compendieuses de Sganarelle. Il y a de la pompe : Artur est un correspondant de Buffon. La résistance à une attestation médicale si convaincue n'était guère possible. Fresneau a reproduit sa requête de rapatriement et une demande de congé, le 2 janvier 1748. Visiblement contrarié, Maurepas lui mande, le 23, que le Roi, tout en y donnant son consentement, « auroit pourtant désiré que, dans des circonstances aussy critiques que celles où l'on se trouve, vous eussiez encore remis à faire usage de ce congé. »

Le ministre ne prévoyait pas que trois mois plus tard on signerait les préliminaires de la paix à Aix-la-Chapelle.

Si l'heure était difficile, Fresneau semblait ne rien craindre : l'ennemi n'avait pas osé attaquer Cayenne, et ne l'oserait pas. L'ingénieur répondait avec un certain orgueil par l'énumération de ses travaux : Il a très avantageusement et à peu de frais fortifié la ville ; il y a élevé des batteries ; il a fait au dehors des retranchements qui ont été d'un grand secours pendant la guerre présente ; il a établi de nouvelles casernes fermées qui empêchent les soldats de déserter ; il a creusé un long canal qui divise l'île en deux, et offre une grande utilité pour le transport des bois et des pierres ; il a construit une jetée qui permet d'aller et venir à pied sec, de descendre toutes marchandises et objets en n'importe quelle saison et à toute heure. Il n'oublie pas sa machine aux fourmis, sa brique de vase de mer ; il note le moyen qu'il a inventé pour prendre facilement le poisson à chaque marée, son exploitation de marais salants, ses alignements des chemins royaux, la carte que le premier il a relevée des rivières d'Aprouague, de Cairoué et de Mataruni, lorsqu'il allait à la recherche de l'arbre caoutchouc ou arbre seringue, « découverte encore plus utile que curieuse. »

Maurepas ne pouvait garder longtemps rancune à ce digne serviteur de l'Etat qu'il aurait désiré retenir au service de son pays ; il finit par se rendre à ses instances et il se résout à proposer sa retraite. Le Roi lui permet donc de se retirer ; mais voulant lui donner une marque de sa satisfaction, il lui accorde la croix de Saint-Louis et la demi-solde de son grade sur le pied de 600 livres à partir du 15 avril 1748. « Et, lui écrit le ministre ce même jour, c'est avec plaisir que j'ai contribué à vous procurer cette retraite honorable à tous égards. »

Fresneau a revu la France. En débarquant à Rochefort, il reçoit l'accolade de L'Etenduère, le commandant de la marine, qui a mission de lui remettre la croix.

Le voilà désormais retiré à Marennes ou tout auprès, à son château de La Gataudière ; mais la retraite pour lui n'est pas l'oisiveté. A cette nature toujours en travail il faut un aliment : il en a rapporté un de Cayenne dont il nourrira sa pensée jusqu'au dernier moment : l'étude du caoutchouc. C'est dans une lettre à Maurepas, du 19 février 1746, que pour la première fois je le surprends à parler de « sa découverte sur un lait d'arbre mixtionné tel que les Portugais font des seringues et autres choses utiles et curieuses. » La vue de ces petits ouvrages de résine élastique l'avait fortement impressionné. Il comprit de suite le parti considérable que l'on devait tirer des propriétés de cette résine, au point de vue commercial et industriel, et, jugeant avec raison qu'un arbre commun aux environs de Para devait également se rencontrer dans les bois de Cayenne, il se mit à sa recherche. La recherche fut longue et difficile ; mais persévérante, elle aboutit. Le récit détaillé qu'il en donne dans son Mémoire de 1749 peint au vif le caractère de l'homme, résolu, patient et ingénieux. « J'intéressai, dit-il, plusieurs Indiens par de petits présents de mercerie, et surtout par de l'eau-de-vie, qui est encore plus de leur goût. Je fus la dupe des espérances que quelques-uns d'eux m'avoient données. Alors je formai la résolution de faire des essais en mêlant le suc laiteux que donnent un grand nombre d'arbres du pays : les uns étoient trop liquides pour faire corps ; quelques-uns extrêmement gras, étoient inalliables avec d'autres de même nature, mais plus secs... » Il expérimente ainsi le Mapa, le Comacaï ou figuier sauvage, le Couma, le Pao comprido : ce n'était pas cela. L'idée lui vint de se renseigner auprès des premiers Indiens Portugais qu'il pourrait rencontrer. « Le hasard m'apprit que l'équipage d'un canot qui fut employé à une pêche de lamantin n'étoit composé que d'Indiens Nouragues, fugitifs des missions portugaises qui résident à Mayacaré. J'invitai ces sauvages à entrer chez moi ; je les accueillis, les fis asseoir et les régalai d'eau-de-vie... Je leur demandai s'ils connoissoient l'arbre avec le suc duquel les Portugais faisoient des seringues et d'autres ouvrages que je leur montrai... Ils me dirent qu'il y avoit chez eux beaucoup d'arbres d'où couloit la résine élastique

que je cherchois ; ce qui me fit grand plaisir ; mais il ne m'étoit pas possible, en temps de guerre, de m'éloigner... Je me résolus donc à chercher avec soin cet arbre dans les bois aux environs de Cayenne où je ne doutai pas qu'il ne se trouvât. J'engageai d'abord mes Nouragues à imiter avec de la terre glaise, le fruit de cet arbre qu'ils connoissoient si bien... Les Nouragues me donnèrent donc en terre glaise la forme d'un fruit triangulaire qui devoit renfermer trois amandes que produit l'arbre qui donne la résine élastique, celui-là même que les Portugais appellent Pao xiringa (bois de seringue) et qui se nomme à Quito Caoutchouc... Je leur fis dessiner aussi la feuille... Muni de ces deux indices, je ne doutai plus de la réussite de ma recherche. Je congédiai mes Indiens à qui je donnai une bonne provision de sel que j'avois fait dans un marais, à la manière de Saintonge et d'Aunis. Je ne pensai plus qu'à faire plusieurs modèles du fruit de l'arbre seringue, que je distribuai aux Nègres chasseurs les plus intelligents. J'en envoyai aussi à Aprouague, à la Comté et à Oyapock, différens quartiers de la colonie. Peu de temps après, j'eus la satisfaction d'apprendre que le s[r] Mérigot, demeurant à Aprouague, y avoit découvert un pied de l'arbre dont je lui avois donné le fruit modelé en le priant de faire des recherches... » D'Orvilliers met à sa disposition un canot pourvu de vivres et de merceries pour les Indiens ; et comme Fresneau tient à rendre son voyage doublement utile, il compte lever en même temps la carte des rivières qu'il doit rencontrer sur sa route. Arrivé à Aprouague, il se trouve en présence de l'arbre tant désiré. Et immédiatement d'enduire de la précieuse liqueur différents ouvrages de carton préparés à l'avance. Apprenant que le même arbre abonde le long des rives du Mataruni, il remonte cette rivière pendant la nuit. Accueil empressé des sauvages Coussaris ; réception aux flambeaux, danses, rafraîchissements, repas. Au moment propice, « je fis voir aux Coussaris le fruit que j'avois de l'espèce d'arbre que je désirois voir multiplié, et leur fis demander s'il y avoit de ces arbres aux environs de chez eux ; ils répondirent en leur langue qu'il y en avoit beaucoup. J'envoyai mes Indiens Nouragues reconnoître les lieux de grand matin. Je trouvai un nombre infini d'arbres qui bordoient des deux côtés la rivière Mataruni ; j'en fis entailler plusieurs pour en tirer le suc laiteux ; il se trouva épais, et je ne pus en ramasser, pendant les six jours que je passai chez les sauvages Coussaris, qu'une petite quantité dont je me servis pour faire une paire de bottes et pour d'autres petits ouvrages, comme seringues, boules élastiques et bracelets...» On était en octobre, à la fin d'un été très chaud et très sec, ce qui avait amené l'épaississement. La relation se termine par une description de l'arbre, de ses usages, de son fruit, de la manière d'extraire la résine et de l'employer.

L'emploi de la résine ? C'est la question dominante à résoudre. Fresneau a vu le suc liquide adopter au sortir de l'arbre telle forme qu'il s'est plu à lui donner ; mais il a observé aussi avec quelle rapidité il se coagule et durcit, au point de ne plus pouvoir servir, et il veut qu'il serve. Il veut rendre à cette pâte durcie la malléabilité qui permette de l'utiliser à distance ; et alors il s'engage à corps perdu dans le problème de la dissolution de la résine élastique. Il fait passer cette substance par les épreuves les plus variées de l'analyse chimique, et quand, après bien des tâtonnements, bien des déceptions, il a touché le but, alors certain d'intéresser M. de Maurepas à sa découverte, il lui envoie le plus beau spécimen de sa fabrication : la paire de bottes qu'il a confectionnée avec le suc liquide du pays des Coussaris.

La paire de bottes aurait-elle porté malheur au ministre ? On ne sait ; mais en fait de chaussures, il a suffi d'un coup de la pantoufle de la Pompadour pour jeter le ministre à bas. Rouillé lui succède : un homme grave, travailleur, impotent et rebelle aux innovations.

Fresneau a perdu son protecteur ; mais le caoutchouc lui trouble-t-il la tête au point d'affaiblir chez lui le sentiment de la reconnaissance ? On le croirait à la façon dont il va faire sa cour au nouveau ministre : il salue le soleil levant. C'est un peu la faute à Mme d'Ambres : l'obligeante marquise connaissait M. Rouillé — un bibliophile comme son oncle le bailli — et offrait son intervention, en dehors de toute arrière-pensée politique. La politique entrait alors pour peu de chose dans le renvoi des ministres : Maurepas était tombé pour quelques vers, d'ailleurs indignes de lui.

Le repos et surtout l'air du pays natal ont eu raison de la mauvaise santé de Fresneau. Ses forces sont revenues. Il se sent en état de reprendre du service. L'emploi est tout trouvé. C'est lui-même qui en propose la création, et c'est Mme d'Ambres, toujours en avant, qui ouvre le feu par un rapport et un mémoire qu'elle remet au ministre. Dans le rapport, Fresneau démontre l'utilité de l'institution d'un capitaine pour les nouvelles levées de troupes coloniales à l'île d'Oleron, dont il sollicite la commission en récompense de ses travaux sur le caoutchouc. Dans le mémoire, il a rassemblé sur cette matière ses différentes études qui feront assez connaître l'importance de sa découverte. Il espère que le ministre prendra la peine de le lire et qu'il voudra bien ensuite l'envoyer à l'Académie des sciences. Point de paires de bottes cette fois : Mme d'Ambres dépose entre les mains de M. Rouillé un fourreau de fusil et autres objets en caoutchouc. Sa Grandeur paraît médiocrement touchée du présent : caoutchouc et visites de grande dame sont en pure perte. La réponse du ministre peut se résumer en ceci : — Je ne puis vous procurer votre commandement ; j'ai envoyé votre mémoire à l'Académie des sciences. Tout cela froid et sec terminé par la réflexion suivante, dédaigneusement banale : « Il est à souhaiter qu'on puisse tirer de votre découverte l'avantage que vous y envisagez. »

Cette lettre, du 25 mars 1750, n'est pas faite pour encourager l'ancien ingénieur en quête d'emploi. Il ne perd pas tout espoir ; il saura bien se retourner. Il médite un grand projet. Depuis longtemps la chose occupe son esprit : fonder une colonie sur les bords de l'Aprouague. L'Aprouague : la plus belle rivière de la Guyane, à moitié chemin de Cayenne et d'Oyapock, arrose la plus riche contrée du monde, un vrai pays de Cocagne, sous la plume enthousiasmée de Fresneau : sol merveilleux, air frais, eaux vives, perspective de champs de manioc et de cannes à sucre, bois de bananiers, absence de fourmis, pêche superbe, chasse abondante, facilités de communication. Il a tracé un programme complet de colonisation : constitution d'une compagnie, établissement de missionnaires, bâtiments d'administration, magasins, fortifications, tout est prévu, jusqu'au futur gouverneur « honnête et désintéressé : » c'est Fresneau lui-même ; seulement il faut encore faire appel à la bonne volonté de M. Rouillé. Mme d'Ambres, rendue prudente depuis son échec, par précaution, sonde, au préalable, les sentiments du ministre. « Il parut si éloigné de donner dans le nouveau, » que l'auteur du beau projet de colonisation d'Aprouague renonça à le présenter et finit par le mettre sous enveloppe à l'adresse du bureau des Colonies.

Son Mémoire lui vaudra au moins une compensation d'amour-propre. A l'Académie des sciences il rencontre un chaud partisan : La Condamine. En 1744, l'illustre académicien, au retour de son expédition scientifique, s'était rendu à Cayenne d'où il comptait s'embarquer pour la France. Son séjour avait dû se prolonger durant plusieurs mois, à cause de la guerre. Accueilli et choyé par d'Orvilliers et les officiers de l'île, il avait eu occasion de connaître Fresneau, et avait même fait avec lui diverses expériences sur la mesure de la vitesse du son. Se rappela-t-il cette circonstance ? Peu importe après tout : le sujet seul du mémoire devait exciter son intérêt. Il se chargea du rapport. Sa communication à la séance du 26 février 1751 reflète l'ardeur, la bienveillance, l'aménité exquise de son caractère, et cette curiosité de l'esprit qui « lui rendait tous les objets piquants, tous les livres curieux, tous les hommes intéressants. »

Encore des nuages à l'horizon politique. La paix d'Aix-la-Chapelle est de courte durée. Remise à peine de ses désastres maritimes, la France recommence la lutte avec sa vieille ennemie l'Angleterre. Une flotte de cent voiles partie de Portsmouth, le 8 septembre 1757, amène 12,000 hommes à l'entrée de la Charente, en face de Rochefort et de Brouage. Le 23, débarquement des Anglais à l'île d'Aix. Le canon tonne ; la garnison se rend ; l'ennemi fait sauter les fortifications, incendie l'église et le village. La panique est à son comble : aucune mesure n'a été prise. Les troupes de la garnison de La Rochelle couvrent les points menacés. Le maréchal de Belle-Isle, commandant général des côtes de l'Océan, fait mander en toute hâte des régiments de l'intérieur. Les milices de Rennes sont accourues ; on attend les gardes du corps. M. de Langeron qui commande le pays en l'absence du maréchal de Senectère, retenu à Paris, organise la défense avec le peu de forces dont il dispose. Les milices gardes-côtes s'échelonnent en surveillance le long de la plage ; derrière elles se masse l'infanterie partagée en trois camps, à Angoulins, à Fouras et au Port-des-Barques. Fresneau accourt à Brouage offrir ses services au lieutenant de roi, Gay de La Tour, qui porte gaillardement ses quatre-vingt-dix ans. Puis il se rend au Port-des-Barques, et sur les ordres de M. de Surgères il revient s'enfermer à Brouage. Là, de concert avec l'ingénieur, M. de Mirabel, il prépare la résistance. Mais voilà que les Anglais après leur bruyante démonstration de l'île d'Aix, disparaissent. Le 1er octobre au matin la flotte a levé l'ancre. Ce brusque départ semble une feinte. On s'attend à un retour offensif. Au bout de quelques jours Fresneau rentre à Marennes, « avec l'agrément de M. de Gay, l'assurant que si les ennemis venoient à reparoître il se rendroit sur le champ au poste qu'on lui avoit fait l'honneur de lui marquer. »[1]

Un esprit observateur comme le sien voit aisément le côté faible des choses et se plaît à les noter en curieux, à les faire connaître

1. *La prise de l'île d'Aix (1757)*, par M. de La Morinerie. La Rochelle, Noël Texier, 1889, in-8°.

en patriote, et à indiquer les moyens d'y remédier. Les préparatifs de la défense lui ont révélé bien des imperfections dans l'organisation des compagnies du guet particulièrement préposées à la garde de la côte, et à ce propos il transmet, le 22 octobre, au maréchal de Senectère un *Mémoire sur quelques réflexions faites par un officier retiré du service, à l'occasion des Capitaineries gardes-côtes, dans l'alarme du 21 septembre de cette année 1757*. C'est une critique des dispositions de l'ordonnance récente du 5 juin précédent, sur l'armement, les munitions, les vivres, l'outillage, les abris du guet, etc., accompagnée d'une série de réformes inspirées par les derniers événements. Il appelait notamment l'attention du maréchal sur la situation de Brouage — « la clef de la Saintonge » — qui réclamait des travaux de défense immédiats.

Les observations de l'ancien ingénieur devaient porter leurs fruits. L'intendant de La Rochelle, Baillon, envoie une escouade de deux cents ouvriers à Brouage pour renforcer les approches de la place. Mirabel en avise son collègue : il le prie de venir faire avec lui la visite des ouvrages.

On se donne beaucoup de mouvement sur les côtes de l'Aunis et de la Saintonge. L'ennemi ne s'y risquera pas cette fois ; il ira tâter les rivages de la Normandie, de la Bretagne et du Poitou.

A la marine, les ministres durent peu. Louis XV en fait grande consommation durant cette triste guerre de Sept ans. Après Rouillé, passent Machault, Peirenc de Moràs, Massiac, Le Normand de Mézy et Berryer. Le cardinal de Bernis, un instant à la tête du ministère, tombe en disgrâce et fait place au duc de Choiseul.

Nous arrivons à l'année 1760. Veuf depuis 1749, Fresneau s'était remarié le 20 mai 1751 à Mlle Marie-Anne Horric de Laugerie. Des sept enfants qu'il avait eus de sa première femme, Cécile Solain-Baron, il lui restait un fils unique, sur lequel il avait concentré sa sollicitude et ses espérances. Le jeune homme était venu achever ses études scientifiques à Paris, sous la direction du savant abbé Nollet. Je note sa visite du premier jour de l'an 1760 à Mme d'Ambres.[1] Cette dame depuis quelque temps sans nouvelles du père, avait montré à ce sujet ses préoccupations et ses inquiétudes. Elle est rassurée sur sa santé. Elle en témoignera son contentement dans un petit billet du 18 janvier, le dernier que je trouve de l'excellente marquise. Faut-il penser que peu après elle sera partie pour le grand voyage dont on ne revient pas ? Elle avait alors 62 ans.

La guerre se poursuit avec acharnement. La France ne compte plus ses désastres. C'est l'heure des résolutions énergiques.

---

1. Charles-Jean-Baptiste Fresneau, seigneur de La Gataudière, etc., né en 1740, mort en 1795. Marié en 1768, à Mlle de Richier, il eut deux filles : l'une épousa le général François, marquis de Chasseloup-Laubat, et l'autre, 1° M. Lortie de Petit-Fief et 2° M. de Bonsonge. Armes des Fresneau, d'après un cachet de 1757 : *D'argent, au chevron de gueules, accompagné de 2 étoiles de même en chef, et d'un frêne de sinople en pointe.* Ces indications serviront à compléter et rectifier mon livre : *La Noblesse de Saintonge et d'Aunis convoquée pour les Etats généraux de 1789.* Paris, Dumoulin, 1861, in-8°.

Choiseul prend pour lui les deux ministères de la guerre et de la marine. Il a au moins le sentiment de l'honneur du pays, et il veut tenter le suprême effort. Soulevée par un beau mouvement de patriotisme, la nation vient au secours du trésor épuisé. Le nom de Fresneau est sur la liste des citoyens qui portent leur argenterie à la monnaie de La Rochelle. Partout les ordres sont donnés de réparer, de mettre à flot et d'armer en guerre les vieux bâtiments de rebut. A Rochefort une nouvelle flotte est prête. Neuf vaisseaux attendent sur les vases du Vergeroux. Le bruit court qu'ils vont être armés à l'île d'Aix. De l'avis de Fresneau la mesure est imprudente. Il en signale les dangers dans une longue lettre qu'il adresse à M. de Choiseul le 3 février 1762. Selon lui, armer ces bâtiments à l'île d'Aix, c'est les envoyer à leur perte, alors que tout contre, mouillée dans la rade des Basques, la flotte anglaise est là qui les guette : 13 vaisseaux de ligne renforcés de galiotes à bombes. Le père profite de l'occasion pour solliciter en faveur de son fils un brevet de garde de la marine. Choiseul répond le 25 février que le jeune homme a dépassé l'âge réglementaire. Quant à ses réflexions au sujet de l'armement des vaisseaux de Rochefort, il en a pris connaissance ; il le remercie et le loue de son zèle. Il semblerait que les réflexions de l'ingénieur aient frappé l'esprit du ministre : huit jours après, le 5 mars, il renouvelait ses remerciements.

Le voisinage de la flotte anglaise pèse toujours d'un poids immense au cœur de Fresneau. Il cherche, il veut découvrir les moyens d'annihiler son action, et tout au moins à préserver Brouage : c'est chez lui une préoccupation incessante. Des calculs d'hydrostatique lui ont démontré la possibilité d'amener des bateaux plats à la côte de Nodes, à travers les vases, à l'entrée même de la place. C'est déjà un grand point ; mais il ne s'arrête pas là. Il a en tête une conception autrement importante : la jonction de la Seudre à la Gironde qui, en temps de guerre, rendrait d'inappréciables services. Au moyen de ce débouché, on assurerait la sortie des barques et des petits bâtiments ; on leur épargnerait la traversée si périlleuse du pertuis de Maumusson ou l'obligation d'attendre les grandes marées ; on les mettrait à l'abri de la chasse des vaisseaux ennemis. Choiseul a reçu le mémoire ; Fresneau le lui a envoyé le 20 mars. « Il n'a en vue, dit-il, que de pouvoir être utile à quelque chose à son prince, en communiquant les idées qu'il peut avoir, ainsi que doit faire tout bon patriote. »

La guerre touche à sa fin. Les hostilités vont être suspendues. Au mois de novembre on signera les préliminaires de la paix, et la France humiliée subira le traité de Paris, le 10 février 1763.

Alors siégeait au ministère, à côté de Choiseul, le contrôleur général des finances, Bertin, à qui incombait la direction du commerce et des manufactures. C'était un homme à idées larges, grand ami des savants, actif, curieux et désireux de faire servir sa haute situation au développement de la science et de l'industrie. Je ne sais comment lui vint un jour le désir de connaître par le détail la résine élastique et les usages auxquels il serait possible de l'approprier. Je m'imagine pourtant qu'il devait être le porte-voix de Vaucanson, le célèbre mécanicien. Le ministre s'était tout naturellement adressé à La Condamine, qui seul lui paraissait capable de le renseigner ; mais celui-ci, toujours galant homme, s'était effacé et avait nommé Fresneau.

Bertin faisait volontiers les choses par lui-même ; il prit la plume, et, de son écriture facile, à grandes enjambées, il écrivit la lettre suivante :

« A Versailles, le 3 décembre 1762.

Des Académiciens que j'ay consultés, Monsieur, m'ont adressé à vous, comme au seul homme en état de me donner les éclaircissements demandés par le Mémoire cy-joint. Je vois par là, Monsieur, que vous êtes non seulement un bon et ancien serviteur du Roy, mais un observateur qui n'a jamais perdu de vue ce qui peut tendre au bien et à l'utilité publique. Je vous seray très obligé de me renvoyer le Mémoire avec vos réponses et vos observations les plus détaillées qu'il se pourra. Je vous prieray aussi de vouloir bien me répondre sur les articles qui suivent :

Le premier est de sçavoir s'il y a une méthode sûre pour ressouder les ouvrages faits de cette résine, lorsqu'ils ont été percés ou autrement endommagés par quelque accident, et de vouloir m'en donner le détail ;

En second lieu, si vous avez gardé ou si vous connoissés en France quelques personnes qui ayent de cette résine ou des ouvrages qui en soient faits ; et s'il y en a beaucoup, je vous prie de me les marquer un peu en détail, de façon à me faire connoître ce qu'il peut y en avoir en tout de pesant ;

En 3e lieu, quelle est la culture de cet arbre ; s'il vient de bouture, s'il seroit aisé d'en faire venir en France, et quel terrein et climat luy conviendroit le mieux ;

En 4e lieu, s'il y a quelque liqueur connue qui puisse tenir cette résine simplement humectée, mais sans la pénétrer, ni la dissoudre.

Je ne puis pas vous dire que je suis fâché de la peine que je vais vous donner, étant persuadé que c'est faire plaisir à un bon citoyen de luy donner occasion de marquer son zèle pour le bien public. Comme cela a beaucoup de trait à cet objet, et que le Roy est informé du but de mes recherches, je ne manqueray pas de luy rendre compte de ce que vous aurés bien voulu faire, et je vous prie de vous reposer sur moy pour le faire dans les termes que vous mérités, et qui puissent vous prouver les sentiments avec lesquels je suis, Monsieur, votre très humble et très obéissant serviteur :

BERTIN. »

A un appel aussi flatteur, Fresneau de répondre :

« Monseigneur,

Mon zèle pour la gloire et le service de la patrie mériteroient peut-être les éloges dont vous me comblés, si, comme on a bien voulu vous le dire, il étoit égalé par les connoissances et les talents : il s'en faut bien, Monseigneur, qu'ils aillent de pair ; les uns sont très bornés, l'autre est immense. Ce sentiment que j'ay de moy-même, ne m'empêchera pas d'essayer de donner à Votre Grandeur les lumières qu'Elle désire sur un objet qui a été longtemps celuy de mes recherches, de mes occupations, de mes veilles. Les articles sur lesquels vous souhaités des éclaircissements, et dont la lettre que vous m'avés fait l'honneur de m'écrire et le Mémoire que vous y avés joint, font mention, sont trop étendus et exigent de ma part du travail pour pouvoir vous les donner sur l'heure. A des expériences anciennes, il me faut en ajouter de nouvelles pour répondre précisément à tout, et prévenir même, s'il se peut, vos désirs. Cette précaution dont je crois devoir user, veut du soin, ce soin du temps. Permettés, Monseigneur, que j'en prenne un peu. J'espère que dans le mois prochain j'auray l'honneur et le plaisir de vous envoyer un

Mémoire circonstancié sur la Résine Elastique, ses propriétés, ses usages. Je vais volontiers consacrer les premiers jours de ma vieillesse et les moments que me laissent libres mes infirmités, à une occupation que le Grand Colbert luy-même auroit été jaloux d'ordonner. Héritier de sa place, vous l'estes de son amour pour l'Etat. Je m'estime heureux de ce que vous me mettés dans l'occasion de le seconder ; je me croirois plus heureux encore, si, réussissant dans la commission dont vous me chargés, je puis mériter votre suffrage, et vous convaincre des sentiments de respect avec lesquels j'ay l'honneur d'être, Monseigneur, de Votre Grandeur, le très humble et très obéissant serviteur:

FRESNEAU.

A Marennes, le 11 décembre 1762. »

Après le ministre, au savant; car c'est lui, c'est La Condamine qui a inspiré Bertin ; Fresneau l'a deviné sans peine, et il va le lui dire. La lettre emprunte au début le ton du badinage; elle se pare ensuite des ornements d'une flatterie délicate et aboutit à l'éclosion d'un château en Espagne bâti sur les brouillards de la bienveillance ministérielle.

« Le 1er janvier 1763.

Il n'y a que vous, Monsieur, qui puissiés m'avoir joué le joli tour par lequel, sans y penser, je me vois en correspondance avec un ministre d'Etat. Personne n'étoit plus à même que vous de donner les éclaircissements que M. Bertin me demande sur la Résine Elastique. Avoués que vous avés voulu me favoriser en me donnant la connoissance de ce Monseigneur, pour sans doute me mettre à même d'en obtenir quelque grâce, si je suis jamais dans le cas d'en solliciter. Je reconnois bien là, à ne m'y pas tromper, votre façon noble et galante d'obliger dont j'ay l'honneur de vous faire mes très humbles remercîments.

Je n'ay cessé depuis que j'ay receu le Mémoire qu'on m'a envoyé de Versailles, de travailler à faire des essais de toutes façons pour parvenir au but qu'on se propose. Si je ne puis réussir en France, je ne pourrai non plus, à raison de mon âge et de mes infirmités, aller tenter le succès à Cayenne ; mais à ma place je pourrois proposer mon fils. Pour luy donner cependant de la facilité dans les démarches qu'il devroit faire à cet égard, je serois charmé qu'il y eût le poste de sous-ingénieur, tel que l'avoit sous moy M. Baron, mon beau-frère... » Ici, tout un passage consacré à l'éloge du jeune Fresneau. Il en appelle au témoignage de son maître l'abbé Nollet. La lettre s'achève dans les souhaits du premier de l'an. « La date du jour, bien moins que la sincérité de mes sentiments, m'autorise à vous offrir les vœux que je fais pour vous et pour tout ce qui vous intéresse. Ces vœux que je vous présente me sont offerts par le R. P. Hugon qui m'écrit de Bourg en Bresse et qui m'apprend le bon état de sa santé. Je souhaite que la vôtre soit aussi solide qu'est parfaite l'estime avec laquelle j'ay l'honneur d'être très sincèrement, Monsieur, votre, etc., etc.

Voici la réponse du savant, depuis peu l'un des quarante de l'Académie française et le mari de la plus aimable des nièces, oublieuse de l'âge et des rhumatismes de l'oncle :

« Au château d'Etouilli près Ham en Picardie, le 12 janvier 1763.

Votre lettre du 1er janvier, Monsieur, m'a été renvoyée ici où je suis venu passer trois semaines et chercher Madame de La Condamine chés sa mère pour l'amener à Paris passer l'hyver. Mes affaires ne me l'ont pas permis depuis mon mariage, et ne me le permettent guère encore, mais moins ma femme est empressée à cet égard, et plus je dois me porter à rendre la chose possible.

Il est vrai, Monsieur, que M. le contrôleur général m'a fait demander quelques morceaux de la résine élastique du Para et des éclaircissemens sur cette matière et les ouvrages à quoi elle seroit propre. Je lui ai répondu que j'avois dit tout ce que j'en savois dans le mémoire que j'ai donné à l'Académie, dont la partie la plus curieuse et la plus utile est celle que j'ai tirée de la communication de vos recherches et expériences sur cette même matière que vous avés découverte à Cayenne. Je lui ai indiqué votre adresse, et c'est sans doute en conséquence qu'il vous a écrit. Je n'ai pu le voir avant mon départ de Paris. Je compte y retourner avant huit jours et lui confirmer ce que je lui ai déjà mandé, que je ne connois personne plus en état que vous de le satisfaire. Je souhaite que la relation où cela vous met avec ce ministre puisse vous devenir utile à vous et à M. votre fils, et je serai fort aise de pouvoir y contribuer. La place que vous désireriés pour lui de sous-ingénieur en cette colonie ne me paroît pas difficile à obtenir par la protection de ce ministre, surtout en y joignant l'offre d'envoyer M. votre fils sur les lieux, muni de vos instructions pour ramasser et envoyer en France une assés grande quantité de la résine en question pour tenter en grand différentes expériences, et de son côté pour en faire sur les lieux mêmes, avec la matière encore liquide avant qu'elle se soit durcie et coagulée. Je crois qu'on auroit en vue de l'employer pour faire des tuyaux, mais ce n'est qu'une conjecture que je fais d'après les questions que l'on m'a faites, et surtout si après l'avoir dissoute, comme vous en avés trouvé le moyen, on pourroit la retravailler, la mouler et lui donner toutes sortes de formes comme lorsqu'on la recueille sur l'arbre...

J'ai l'honneur d'être avec le plus sincère attachement, Monsieur, votre très humble et très obéissant serviteur :

La Condamine. »

Plein d'ardeur juvénile, Fresneau s'est attelé au travail. Le 22 janvier, il avisait l'académicien qu'il aura probablement terminé le 29 : Lettre de remerciement pour les bons offices qu'il veut bien lui rendre auprès du ministre en faveur de son fils. Un détail : La lettre était datée de Marennes, ce qui explique l'annonce d'un panier d'huîtres vertes pour Madame de La Condamine ; il n'y en a point pour Monsieur qui, paraît-il, ne pouvait en manger. Il se laissera tenter cependant ; il l'a avoué dans sa réponse du 25 février. « J'en ai goûté sous prétexte que ce n'est pas de la viande et j'en ai eu ma part. »

Au 29 janvier, Fresneau n'était pas prêt, et il en faisait ses excuses au ministre :

« Monseigneur,

On n'exécute pas toujours aussy aisément qu'on projète. J'avois cru pouvoir vous annoncer pour la fin de ce mois le Mémoire relatif aux éclaircissements que vous me fîtes l'honneur de me demander : quoyque j'entrevisse que le travail seroit un peu long, je ne le jugeois pas aussi considérable : le désir de contenter entièrement le vôtre m'a jeté dans des recherches et des expériences réitérées qui n'ont pu se faire si tôt ; je suis néanmoins presque au bout, et je n'ay guère plus qu'à le revoir et qu'à mettre au net mes observations et mon travail. Je compte vous l'envoyer sans faute le 12 du mois prochain, et peut-être le cinq. J'espère que Votre Grandeur me saura gré de n'avoir différé que pour mieux La servir. C'est le dessein que j'ai eu, et qui est l'effet naturel des sentiments du plus profond respect avec lequel j'ay l'honneur d'être, Monseigneur, de Votre Grandeur, le très humble et très obéissant serviteur :

FRESNEAU.

A Marennes, le 29 janvier 1763. »

Au jour dit, 12 février, le travail est expédié avec la lettre d'envoi. Fresneau y exprime surtout le regret de n'avoir pas obtenu des résultats aussi complets qu'il l'eût désiré. Il lui faudrait pour cela opérer sur de la résine vierge. Il voudrait recommencer ses expériences à Cayenne ; mais il n'est plus d'âge à entreprendre le voyage ; son fils pourrait le remplacer. « Si vous le souhaités, quoyqu'il soit mon unique, je ne balancerai pas à le faire embarquer. S'il venoit à périr, il mourroit toujours bien, en mourant pour sa patrie, et je trouverois ma consolation dans l'occasion de sa perte... » Il reste sur ce beau mouvement d'exaltation patriotique. Tout finit par des présents : comme Maurepas, comme Rouillé, Bertin était prié d'accepter quelques petits ouvrages de résine élastique.

Le Mémoire soumis aux études de Fresneau constituait une sorte de programme. C'est le premier document scientifique dans l'histoire du caoutchouc, par conséquent une pièce capitale. A ce titre je le publie textuellement ; mais je me contente d'analyser les réponses de l'ingénieur afin de ne pas allonger cette étude outre-mesure.

« *Mémoire.*

M. Fresneau, chevalier de l'ordre militaire de Saint-Louis, cy-devant ingénieur à Cayenne, et résidant actuellement à Marennes, est en état plus que personne de donner au ministre les éclaircissements qu'il désire sur la Résine Elastique qu'on tire en Amérique de l'arbre Seringue (ainsi nommé par les Portugais du Para, Hévé par les habitans de la province d'Emeraldas près de Quito, et Caoutchouc chés les Maïnas). Les différentes recherches et expériences qu'il a faites sur cette Résine pendant son séjour en Amérique l'ont sans doute mis à portée de donner toutes les instructions qu'on peut désirer sur cet objet et qu'on doit réduire aux questions suivantes. »

Entre ce préambule et les questions, je place le titre que l'ingénieur donne à son travail :

« *Réponse* à un Mémoire sur la Résine Elastique envoyé de Versailles, le 3 décembre 1762, par Monseigneur Bertin, contrôleur général et ministre d'Etat, à Monsieur Fresneau, ancien ingénieur du Roi, chevalier de Saint-Louis, à Marennes. »

« Première question : La résine qui coule par incision de l'arbre Seringue pourroit-elle être mise au sortir de l'arbre dans des bouteilles de verre ou dans d'autres vases quelconques ? En bouchant exactement ces vases, la résine ne pourroit-elle pas y rester liquide assés de temps pour être transportée en France, afin d'y être mise en usage comme dans le païs même, ou quel autre moyen on pourroit imaginer pour luy conserver sa liquidité et la faire parvenir jusqu'icy dans cet état ? »

La Réponse débute par une sorte d'introduction, intitulée : « Observation préliminaire » où l'auteur traite de la sève de l'arbre Seringue. Cette sève est formée d'une partie séreuse et d'une partie laiteuse. Au sortir de l'arbre on n'aperçoit que la partie laiteuse : tout est blanc. Quand vient la décomposition, la partie séreuse demeure au fond, la partie laiteuse qui constitue la résine, surnage, prend l'apparence d'un champignon, et durcit.

Fresneau ne croit pas que la résine puisse demeurer liquide en bouteille et soit transportable en cet état. Il développe les raisons de son doute basées sur ses premiers essais de Cayenne. Peut-être arriverait-on à conserver à la résine sa liquidité, en la faisant couler directement de l'arbre dans des bouteilles à col allongé, mouillées au préalable d'un peu d'huile. La sève, à peine impressionnée par l'air au moment de son passage dans le goulot, n'aurait pas le temps de s'altérer, parce que l'huile, plus légère, monterait au-dessus, la couvrirait immédiatement et empêcherait sa décomposition. On obtiendrait le même résultat, soit avec un gros de nitre en poudre purifié, soit avec un acide : vinaigre ou citron. La sève une fois introduite dans la bouteille, on agiterait le contenu, et, par précaution, avant de boucher le vase, on glisserait une petite quantité d'huile afin de garantir la surface du liquide. Cet essai n'exige que de l'attention, un peu d'intelligence et la connaissance du sujet.

« Seconde question : Si le moyen que M. Fresneau a trouvé de dissoudre cette gomme ou résine, en la tenant en digestion sur un feu lent avec de l'huile de noix, est le meilleur qu'il connoisse, et s'il n'a rien découvert de nouveau à ce sujet. »

Il n'a rien découvert de meilleur que l'huile de noix ; il le constate, et il ajoute : « Dès que M. Fresneau eût receu la commission dont l'a honoré M. Bertin, il ranima tout son zèle, rappela toutes ses pensées anciennes, renouvela ses recherches, se disposa par toutes sortes de précautions et de projets à satisfaire le ministre. » Ici, une succession d'expériences et de combinaisons, avec l'huile d'olives, l'essence de térébenthine, le plomb, l'alcali, l'eau de savon, etc. ; puis, différents essais dans le digesteur de Papin, au sel de nitre, à la lessive, à l'esprit de vin, à l'ormeau vert, à l'huile de noix, etc., avec le concours de l'air, de l'eau, du feu et de la trituration. On sent la passion inassouvie qui possède l'expérimentateur au milieu de ces tentatives multipliées.

« Troisième question : Que M. Fresneau envoye le détail de son procédé bien circonstancié avec les doses ; qu'il explique si cette dissolution a été faite avec une résine neuve, c'est-à-dire durcie avant d'avoir été mise en œuvre, ou si c'est avec des ouvrages faits avec cette résine, et s'il a éprouvé que cette dissolution est aussi bonne d'une manière que de l'autre. »

Son procédé a été des plus simples : deux

onces d'huile de noix et deux gros de morceaux de résine élastique ouvragée introduits dans une bouteille mince ; la bouteille légèrement bouchée, posée sur une pelle, présentée à différentes reprises sur des charbons ardents, agitée par intervalles, jusqu'à complète dissolution. La résine vierge serait plus facile à traiter. La résine ouvragée se dissout inégalement, l'intérieur avant la surface, de sorte qu'il est nécessaire de décanter le liquide, de broyer ce qui reste encore de solide, et d'opérer ensuite le mélange.

« Quatrième question : Cette matière mise en dissolution a-t-elle : 1° la même propriété et la même qualité que lorsqu'elle est nouvellement sortie de l'arbre ? 2° Est-elle également propre à faire les mêmes ouvrages, comme bouteilles, cylindres creux, etc. ? 3° Ces ouvrages sont-ils pareillement élastiques et impénétrables à l'eau ? 4° Se travaillent-ils de la même manière que lorsque la résine est nouvelle ? »

La résine dissoute perd une partie de ses propriétés. Les ouvrages que l'on fabrique avec elle manquent d'élasticité, mais ils demeurent impénétrables à l'eau. Ils se travaillent autrement qu'avec la résine vierge.

« Cinquième question : 1° Dans la dissolution l'huile de noix ne s'incorpore-t-elle pas avec la résine ? 2° Les ouvrages qui en sont faits ne deviennent-ils pas plus mous et moins solides ? 3° M. Fresneau a-t-il quelque moyen d'en faire évaporer l'huile ? »

L'huile de noix fait corps avec la résine et ne s'évapore pas, comme le ferait l'esprit de vin. Les ouvrages de résine dissoute ne sont ni plus ni moins solides ; seulement la dissolution obtenue au moyen des huiles ne peut servir qu'à faire des vernis ou des enduits. Fresneau n'a pas encore obtenu l'évaporation de l'huile.

« Dernière question : 1° Quels sont les lieux de l'Amérique où cet arbre est le plus commun et la résine la plus estimée ? 2° A quelles personnes pourroit-on s'adresser sur les lieux pour avoir de cette liqueur nouvelle et mise dans des bouteilles, comme on l'a dit cy-dessus ; ce qui seroit préférable à une dissolution quelconque ; et dans le cas où la chose seroit absolument impossible, avoir de la résine pure, sans avoir été mise en œuvre, parce qu'on pense qu'elle seroit encore meilleure, si la dissolution avoit lieu, que cette même résine prise des ouvrages faits. »

D'après les renseignements fournis par les Indiens, c'est au Para que l'arbre Seringue est le plus commun. On le trouve également dans la Guyane sur les bords du Mataruni, un affluent de l'Aprouague. Sa résine est aussi bonne que celle du Para. Nul doute que l'on ne rencontre nombre d'arbres de cette espèce sur d'autres points de la Colonie. Ce serait une source précieuse pour le commerce, si les colons voulaient l'exploiter. Des Indiens ou des habitants du pays pourraient certainement fournir de la liqueur neuve et la mettre en bouteilles, mais ni les uns ni les autres, soit paresse, soit indolence, n'y apporteraient le soin et l'attention désirables. Le plus court et le plus sûr parti à prendre serait d'envoyer de France une personne déjà au courant de tout ce qui concerne la

Résine Elastique : ceci vise la mission rêvée pour le jeune Fresneau.

Après la *Réponse* vient un « *Supplément à ce Mémoire* » où se déroulent plusieurs chapitres que j'analyserai de même brièvement.

1° « Usages qu'on peut faire de la Résine Elastique dissoute dans les huiles de noix, de lin, de térébenthine, de poisson, d'olive, de girofle, de canelle, etc. »

On l'utilise sous forme de vernis gras. On en recouvre les boiseries, le fer, comme préservatif contre la rouille, les taffetas ou les toiles à tissu serré, pour des parapluies, des capotes, des prélarts, des couvertures, des manches de pompes, des bottines, des impériales de carrosses, des harnais, des habits de plongeur, etc. Le chapitre se termine par des indications sur la meilleure huile à employer et sur la préparation des enduits.

2° « Manière de réparer les ouvrages faits de Résine Elastique lorsqu'ils ont été endommagés. »

Fresneau donne à cet égard une instruction minutieuse. Prenant pour exemple des tuyaux détériorés par l'usage ou complètement rompus, il indique deux moyens de les réparer : l'un, par le rapprochement des parties désunies que l'on fait chauffer au soleil ou au feu ; l'autre, par l'application d'un morceau de résine tiède sur les parties fendues que l'on serre ensuite avec de la ficelle. L'ingénieur entre dans le détail à ce sujet : il fait ressortir l'utilité du moindre fragment de résine ; il recommande l'application du caoutchouc aux nœuds de soudure des tuyaux de plomb. Il conseille à la personne que le gouvernement enverrait à Cayenne d'y faire des tuyaux de 6 à 8 pieds de long, afin d'en faciliter le transport, et même de les souder sur place avec de la sève liquide et de les envoyer roulés comme des câbles dans des barriques au milieu de sciure de bois. Relativement à l'épaisseur des tuyaux, il pose certaines règles de proportion suivant la charge d'eau qu'ils auraient à supporter. « On peut tabler, dit-il, sur l'expérience que je fais tous les jours à ma campagne d'un tuyau de neuf lignes de diamètre qui n'a que l'épaisseur tout au plus égale à deux feuilles de papier à rat[1] dont 48 feuillets font trois lignes d'épaisseur : ce tuyau soutient constamment cinq pieds de charge d'eau ; ce qui fait voir combien peu il faudroit d'épaisseur aux tuyaux pour porter ou soutenir la charge la plus considérable. On pourroit encore faire de cette Résine Elastique une cuirasse de 3 lignes et demie d'épaisseur qui ne pèseroit que six livres et qui seroit capable de résister à l'effort de la balle, de la pointe et du sabre. » Il cite à l'appui de son assertion, l'épreuve qu'il a faite sur une calotte de 3 lignes et demie d'épaisseur en résine, qui, à la distance de 15 pieds, a pu recevoir, à trois reprises, une balle de fusil sur sa partie convexe, sans en être endommagée. La même

---

1. « Qu'est-ce que du papier à rat ? » demande La Condamine. Fresneau a corrigé sur la copie faite par son fils, et a mis : « papier à petit cornet. »

calotte retournée, frappée dans le milieu concave, n'a pareillement subi aucune altération, ne laissant voir l'impression du projectile que sur l'écorce de l'arbre contre lequel elle avait été appliquée. Une pareille cuirasse garnie de crin ou de liège en dedans pourrait garantir contre les blessures ou les contusions. L'auteur l'a-t-il essayée sur lui ? Je n'ose le croire. Pour moi je ne m'y fierais point.

3° « Manière d'enduire les taffetas, toiles, cuirs, etc. »

Etendre la dissolution épaisse et suivant la convenance de l'objet que l'on veut enduire. Avoir soin de la faire pénétrer le plus possible dans le tissu, comme la couleur sur les toiles à tableaux. Se servir d'une brosse pour les cuirs ou les étoffes à cause des coutures.

4° « Observations sur la Résine Elastique dans son état de gelée respectivement à son état naturel. »

« Le volume d'un globe de Résine Elastique gelé n'est pas égal au volume du même globe quand il n'est pas gelé. » Ce principe établi, Fresneau enregistre une série d'observations réglées par le thermomètre pour déterminer la différence des deux volumes.

5° « Nouvelles expériences. »

La dissolution de la résine par les huiles n'a pas pleinement satisfait Fresneau ; aussi continue-t-il ses essais, cherchant des mélanges nouveaux ou essayant à doses différentes d'anciennes combinaisons : sel de nitre, alcali, sel de tartre, esprit volatil de sel ammoniaque, acide de vinaigre distillé, jus de citron, fiel de volaille, tafia. Après avoir constaté l'insuccès de ces diverses expérimentations, il arrive à cette conclusion qu'on ne peut dissoudre le caoutchouc que par les huiles et les graisses, dont il lui reste à faire l'évaporation. Il est déjà parvenu avec l'huile essentielle et volatile, avec des zestes d'orange, à obtenir de la résine vierge qui lui a servi à fabriquer de petits ouvrages. Ils ont moins d'élasticité que ceux qu'il a façonnés avec la résine nouvelle ; mais il espère atteindre ce résultat avec l'esprit rectifié du jus d'orange, ou l'esprit de térébenthine très pur, ou l'esprit du fruit de l'arbre Seringue avant sa maturité.

Le Mémoire est complété par la : « Réponse aux quatre questions que fait Monseigneur Bertin, contrôleur général, ministre d'Etat à M. Fresneau par sa lettre du 3 décembre 1762. »

Sur la première relative au moyen de réparer les ouvrages de Résine percés ou endommagés, la réponse se trouve au Supplément du Mémoire.

Sur la deuxième : « Ay-je gardé, connois-je en France quelques personnes qui ayent de cette Résine ou des ouvrages qui en soient faits ? Et y en a-t-il beaucoup ? Marquer un peu en détail de façon à faire connoître ce qu'il peut y en avoir en tout de pesant, » Fresneau note qu'il a encore par devers lui quelques petits ouvrages. On l'a assuré que M. Journu, armateur de Bordeaux, possède une paire de bas ; il indique M. Chevalier du Foye, commis aux vivres à Brest, comme tenant plusieurs morceaux de résine. « Monsieur Rouillé, autrefois ministre de la marine, doit avoir laissé un fourreau de fusil que je lui fis présenter par Madame la marquise d'Ambres, et j'offris à Monsieur de Maurepas une belle paire de bottes qu'il voulut bien accepter. » Enfin M. de La Condamine a dû rapporter de la résine à son retour du Para.

A la troisième question : « Quelle est la culture de cet arbre ? Vient-il de bouture ? Serait-il aisé d'en faire venir en France, et quel terrein et climat luy conviendroient le mieux. » Réponse : l'arbre pousse sans culture : des graines tombées de ses branches naissent des plans qui s'élèvent à l'entour et aux environs. Fresneau doute du succès de la reprise par bouture. M. d'Audiffredy cependant y croit. Si l'arbre pouvait s'acclimater en France, ce ne serait que dans le midi où poussent les orangers en plein vent, aux îles d'Hyères, dans le voisinage de Toulon et de Marseille, et encore lui faudrait-il des lieux bas et à proximité de cours d'eau douce.

La quatrième question : « S'il y a une liqueur connue qui puisse conserver la Résine à l'état liquide, » est traitée au quatrième point du Mémoire.

Fresneau avait gardé un état des objets qu'il avait offerts au ministre, les uns provenant du Para, les autres sortis de son laboratoire et fabriqués avec de la résine de Cayenne. Au point de vue historique ce bordereau des différents spécimens de l'application du caoutchouc à son enfance, est trop précieux pour n'être pas littéralement reproduit. Le voici :

« Contenu du paquet que j'envoye avec le présent Mémoire à Monseigneur Bertin, contrôleur général, ministre d'Etat, le 12 février 1763 :

1° Un vase à deux anses.

2° Un gobelet à une anse. On pourroit adapter ce vase au robinet d'un regard ou à la souche d'un ajoutage, comme celle du Dragon à Versailles, de façon que le vase entre un peu juste lorsqu'il sera dans son état naturel ; ensuite on l'attachera fermement avec une ficelle sur la souche pour laisser entrer l'eau insensiblement dans le vase : on verra, si la ligature est bien faite, que le gobelet soutiendra toute la charge d'eau ; hauteur qu'on m'a dit être de 70 pieds ou environ, et le jet de 60 pieds.

3° Un bassin à barbe.

4° Une boule élastique.

Ouvrages de Résine Elastique que j'ay eus du Para en 1747, pesant ensemble 1 livre 3/4.

5° Plusieurs petits morceaux de Résine qui ont servi à faire mes expériences dans le digesteur, et qui sont devenus plus noirs qu'ils étoient, en passant plusieurs fois dans l'eau bouillante.

6° Un petit bout de tuyau fait de toile et enduit de 3 couches de la sève laiteuse de l'arbre Seringue qui garde l'eau qu'on y met. Ce petit bout de tuyau peut servir à faire voir qu'on pourroit faire des tuyaux de toute grosseur de forte toile à voile qui étant bien enduits de sève laiteuse des deux côtés, outre qu'ils deviendroient par là incorruptibles, seroient encore en état de soutenir une charge d'eau considérable : on peut en faire l'expérience.

7° Deux morceaux de taffetas ; l'un blanc, enduit seulement d'une couche de dissolution de Résine faite avec l'huile de noix; l'autre rouge, enduit d'une foible couche de dissolution de la même résine, mais faite avec l'essence de térébenthine.

8° Deux calottes de cuir, dont la plus mince qui a les oreilles internes coupées est enduite de deux minces couches de dissolution de Résine faite avec l'huile de poisson; l'autre est dans son état naturel. On pourra les mettre toutes les deux remplies d'eau dans la coupe de deux verres; on verra l'eau passer à travers l'une, et ne passer pas à travers l'autre, et on sentira quel avantage il y auroit à enduire les cuirs de cette dissolution, ainsi que les bottines et autres ouvrages de cette espèce.

9° Un petit tuyau de Résine Elastique d'une ligne seulement d'épaisseur, qui, s'il avoit une longueur suffisante, seroit capable de soutenir une charge d'eau de 40 pieds de hauteur sans crever. On pourra le couper net en travers par le milieu avec des ciseaux, rapprocher ensuite les parties, les unes des autres, dans la même situation où elles étoient avant d'avoir été séparées, les faire chauffer près du feu en les pressant avec les doigts les unes contre les autres pour les réunir ; laisser ensuite, ou auprès du feu ou au soleil le petit tuyau, assés de temps pour qu'il devienne très mou ; refroidi qu'il sera, on verra qu'on ne pourra qu'avec beaucoup de peine séparer les parties qu'on aura réunies, ainsi que je l'ay dit au Supplément du Mémoire, folio 10, article : Manière de réparer les ouvrages faits de Résine Elastique, etc.

10° Une très petite boule élastique que j'ay faite tout récemment de la dissolution de la Résine vierge dans l'huile essentielle, et la plus grande partie volatile de zestes d'oranges. Cette boule se restitue, en la laissant tomber, à peu près comme la résine vierge elle-même qu'on a mise en œuvre au sortir de l'arbre Seringue. »

Bertin accuse réception à Fresneau de ses ouvrages de Résine et de son Mémoire. Il ne marchande pas ses compliments. Je détache, de sa lettre du 23 février, ce passage solennel : « J'ay lu votre Mémoire avec une satisfaction qui vous est un sûr garant des applaudissements que je donne aux recherches que vous avés faites sur toutes les parties qui vous ont paru mériter considération à Cayenne. Je vous remercie bien sincèrement de m'en avoir fait part... » Et, de sa main, le ministre ajoute au bas : « Je compte à mon prochain travail en rendre compte au Roy. »

Depuis la perte de nos plus belles colonies les regards se fixaient sur la Guyane. Le gouvernement prend l'initiative d'une vaste entreprise de colonisation. Cette nouvelle qui lui arrive par La Condamine produit chez Fresneau une éruption d'enthousiasme.

On est entré dans ses vues ! on va donc exécuter en 1763 ce qu'il avait proposé en 1748 ! Et alors, dans une lettre du 16 février, il développe à Bertin toutes les idées qu'il avait émises à cette époque sur Aprouague : c'est le point le plus favorable pour la réalisation du projet qui circule dans le public ; s'il n'était aussi avancé en âge, il demanderait à faire partie de l'expédition ; sa vieillesse s'y oppose ; mais il offre son concours pour toutes les études à entreprendre. « Je m'y prêterai, ou plutôt je m'y livreray avec toute l'ardeur du zèle qu'on doit attendre d'un citoyen qui ne respire que la gloire et l'avantage de sa patrie... » Revenant à son cher caoutchouc, il enregistre encore une tentative infructueuse qu'il a faite avec l'eau forte; mais il a une façon délicate de s'en consoler. « Je serois tenté de me dépiter contre cette résine si inaccessible aux corps les plus dissolvants et si opiniâtre à se tenir unie à ceux qui l'ont une fois dissoute ; mais pourquoy me dépiter contre elle ? Ne lui ay-je pas obligation ? Ne me vaut-elle pas le plaisir et l'honneur que j'ay eus et que j'ay de vous assurer qu'on ne peut être avec un plus profond respect... » etc., etc.

Bertin ne sera pas en reste avec Fresneau de gracieuses formules épistolaires. Il lui répond le 6 mars, qu'il a entretenu M. de Choiseul de ses propositions au sujet des établissements projetés en Guyane, et des marques de zèle qu'il donne en cette occasion. « Il n'appartient qu'à un patriote tel que vous et à un vrai citoyen de s'occuper, comme vous le faites, de tout ce qui peut estre utile à l'Etat, en y consacrant vos connaissances et vos talents. »

Les plans de la colonisation étaient déjà arrêtés : on avait fait choix des bords du Kourou ; nulle question de l'Aprouague ; on y songea plus tard. L'entreprise du Kourou mal dirigée aboutit à un véritable désastre.

Les louanges de Bertin me semblent avoir un peu tourné la tête à Fresneau ; il est certainement désintéressé, mais la gloriole le touche. Il n'est pas aussi dégagé que je le voudrais des choses de la vanité : il est sensible à une distinction ; il la recherche ; et, le 16 mars, alors qu'il est encore imprégné de la fumée de l'encensoir ministériel, il montre son impatience de connaître l'opinion de Sa Majesté sur ses travaux. Nul doute qu'Elle n'en jugera favorablement, si le ministre daigne leur attribuer quelque mérite, et qu'il voudra bien, à sa sollicitation, lui manifester son contentement par quelque marque d'honneur : « une marque d'honneur est le salaire qu'ambitionne de préférence un homme que guident la noblesse du sang et des sentiments. »

Mais quelle marque d'honneur ? Il ne le sait pas lui-même, et le ministre est aussi embarrassé que lui. Il n'a su que proposer au Roi. « Que pouvez-vous désirer, étant d'extraction noble et déjà décoré ? » reprend Bertin. Il l'invite donc à s'expliquer. Ceci n'est pas fait pour lever les incertitudes et les perplexités de Fresneau. Quelle grâce solliciter ? Il cherche ; il a trouvé ; mais il hésite entre une épée ou le portrait de Sa Majesté. Là-dessus il s'était ouvert à La Condamine ; il avait aussi à lui demander conseil au sujet de son Mémoire qu'il serait bien aise de faire insérer dans le Recueil de l'Académie des sciences.

Homme du monde, s'il en fut, l'académicien connaît, par caractère, par situation et par expérience, ce que l'on appelle eau bénite de Cour ; il sait quelle confiance on doit avoir dans les protestations et les promesses des ministres, et, de sa plume la plus fine, il tourne cette jolie lettre, malicieuse, mélange d'aimable enjouement et de bonhomie :

« Paris, 22 mars 1763.

J'ai éprouvé par moi-même, Monsieur, combien on reçoit de politesse et d'accueil d'un ministre quand il a besoin de tirer quelque éclaircissement qu'il ne peut avoir d'ailleurs. Quand alors on peut demander quelque grâce, c'est le vrai moment, et je ne doute pas que vous n'eussiés obtenu quelque chose pour M. votre fils, si les grâces que vous pouviés espérer pour lui pussent dépendre du département de M. le contrôleur général. J'ai prévu la réponse qu'il vous feroit, et la difficulté d'obtenir pour un jeune homme, dans les circonstances présentes, la place que vous désiriés. On rappelle tous les officiers, gouverneurs et états-majors des colonies, sans exception. On y envoie des corps entiers des troupes de France. M. votre beau-frère sera par conséquent réformé. Tirés vous-même les conséquences.

Des marques d'honneur que vous indiqués qui pourroient vous en dédommager, l'une, outre qu'elle ne peut regarder que le ministre de la guerre, ne s'accorde que dans des cas très singuliers et pour des actions militaires les plus brillantes. Voyés dans quelles circonstances le feu Roi donna une épée à feu M. du Guai-Trouin ? Je crois que dans cette guerre le cas n'est arrivé que deux ou trois fois à des capitaines corsaires qui ont pris des vaisseaux anglois de force supérieure. Je serois fâché que vous eussiés fait cette demande directement au ministre, par l'intérêt que je prends à vous. Pour le portrait du Roi, cette faveur a été, je crois, accordée quelquefois assés légèrement ; mais je ne sais pas bien en quels cas. Elle est plutôt accordée à la personne par une marque de bienveillance particulière qu'aux services : cela est fort ordinaire aux ministres et assés rare aux particuliers. J'ai vu un portrait du Roi avec celui de la Reine chés le Président Hénault, surintendant de la maison de la Reine, homme riche qui n'a besoin ni d'argent ni de pensions, et qui l'aura demandé à la Reine, et la Reine au Roi pour son surintendant. Je conviens que cela est peu de chose en soi-même, mais les conséquences pourroient s'étendre. Enfin sur cela je n'ai rien de précis à vous dire.

Quant à mon influence, vous ne savés pas sans doute quelle est l'impuissance d'un petit particulier tel que moi, à peine connu du ministre : je n'ai aucune relation avec le contrôleur général.

Pour ce qui regarde l'insertion de votre Mémoire parmi les Mémoires étrangers, cela est tout simple, et je ne vois pas de difficulté à le présenter à l'Académie dans cette vue. Je ne sais comment je m'y prendrois pour en avoir une copie du contrôleur général, à moins que le Mémoire n'ait été remis à M. de Vaucanson. Je m'en informerai, et s'il y a quelque petit mystère relatif aux vues qu'il a, il ne sera question que d'attendre quelques mois pour qu'il ait le tems de recevoir de cette résine en assés grande quantité et de faire ses expériences. Vous serés toujours le maître de disposer de votre

Mémoire et il ne peut qu'être bien reçu de l'Académie...

J'ai l'honneur d'être avec un sincère attachement, Monsieur, votre très humble et très obéissant serviteur :

La Condamine. »

Il s'esquivait cette fois, l'obligeant La Condamine ; il se faisait petit, sans influence ; il connaît fort peu le contrôleur général : on a vu que précédemment il lui écrivait ; mais il lui déplaît d'intervenir dans cette affaire de portrait ; ce n'est pas qu'il dédaigne pareil cadeau, lui qui s'était trouvé jadis très honoré du portrait de Sa Sainteté Benoît XIV.

Fresneau n'est que médiocrement satisfait de la réponse ; elle ne l'a pas convaincu ; il persiste dans son idée ; il veut en avoir le cœur net, et avec la ténacité qui est le propre de son caractère, il aborde résolument la question auprès du ministre; seulement il la développe et l'agrémente des plus belles fleurs de sa rhétorique :

... « Je vous avouerai que rempli d'amour pour mon Roy, et néanmoins privé de le voir, je ne souhaite rien avec tant d'ardeur qu'une récompense qui me le montre... Je n'ay pas assés fait, j'en conviens, pour mériter la faveur que j'ambitionne, mais c'est bien moins le défaut du zèle que celuy des talents et occasions ; d'ailleurs votre crédit ne peut-il pas suppléer à ce qui me manque ?... Vous ne refuserés pas de me prêter secours : une âme grande comme la vôtre se plaît sans cesse à rendre service ; un cœur sensible comme le mien se fera toujours un devoir de vous témoigner les plus parfaits sentiments de reconnaissance et de respect... »

Cette belle déclaration est du 27 avril. Qu'a riposté le ministre ? J'imagine qu'il a fait la sourde oreille, car Fresneau, deux mois après, peut-être bien désillusionné et revenu au sentiment de sa dignité, jetant bas ce manteau de courtisan qui lui seyait si mal, envoyait la lettre suivante pleine de mesure et de haute convenance :

« A Marennes, le 30 juin 1763.

Monseigneur,

L'occasion me favorise, et j'ay, comme en main, de quoy flatter le projet pour lequel Votre Grandeur a daigné plusieurs fois m'écrire. Il est passé de Cayenne en France un jeune homme d'esprit et de talents dont j'ay connu la famille, et qui, sans m'être adressé, a cependant bien voulu venir me voir ; je ne crains pas de le charger de cette lettre pour Votre Grandeur ; ce sera pour luy une occasion de se faire connoître, et pour vous un moyen d'apprendre d'un naturel de l'Isle, bien des particularités analogues aux questions du Mémoire que vous m'adressâtes. Je ne doute point qu'il ne réponde à tout, et que vous ne le goûtiés. La commission dont l'avoit chargé le gouverneur de Cayenne parle en sa faveur, et peut-être lui vaudra-t-elle l'honneur d'en recevoir une de vous-même à l'égard de la Résine Elastique. Je ne crois pas qu'il vous dise plus que je ne vous en ai dit dans mon Mémoire, mais on aime mieux parler aux gens qu'à les lire. Vous jugerés, Monseigneur, par la liberté que je prends de vous adresser M. d'Audiffredy, que je m'occupe de ce que je crois pouvoir vous plaire. Je dois ce soin aux bontés dont vous m'avés honoré. Vous m'en témoignâtes une en particulier à laquelle je serai toujours sensible ; ce fut lorsque, dans votre dernière réponse, vous me marquâtes que si vous aviés sçu l'espèce d'honneur que je souhaitois pour les petits services que je m'étois toujours efforcé de rendre et que j'avois quelquefois rendus à l'Etat, vous vous seriés intéressé auprès du Roy pour me l'obtenir. Sur l'offre que vous me fîtes de votre crédit, et sur la permission que vous me donnâtes de vous découvrir mes désirs, j'osai vous écrire le 27 du mois d'avril dernier que je souhaitois rien tant que le portrait de Sa Majesté; ma demande a sans doute été indiscrète, puisque Votre Grandeur n'a pas jugé à propos de me répondre, ou peut-être ma lettre, comme quelques autres que j'avois eu l'honneur de vous écrire, s'est-elle égarée? Si c'étoit à cecy que je dois imputer votre silence, je m'en réjouis ; l'espérance d'être gratifié comme je le désirois n'est pas éteinte. Si au contraire je n'ay rien reçu parce que j'ay trop demandé, excusés, je vous prie, mon indiscrétion : quand on pèche par un excès dont la cause est dans la force des sentiments, n'est-on pas pardonnable ? Je m'en remets à cet égard à Votre Grandeur. Si Elle juge que mon travail mérite quelque salaire, je serai toujours content de celuy qu'elle voudra m'obtenir ou m'accorder ; si Elle ne le trouve digne d'aucun prix, je n'y prétends plus ; mais je serai toujours jaloux d'avoir quelque part dans votre estime et de vous convaincre en toute occasion du profond respect avec lequel j'ay l'honneur d'être, Monseigneur, de Votre Grandeur, le très-humble et obéissant serviteur :

FRESNEAU. »

Cela dit, bien dit et fini, il reprend de plus belle le cours de ses essais. A l'œuvre il trouvera l'oubli de ses déceptions d'amour-propre. Soude de salicot — plante cueillie sur les bosses des marais salants — chiffons de papier, huile de vitriol, esprit de nitre, sève de figuier, huile d'aspic, blanc d'œuf, savon, chaux, litharge, huile d'amandes douces, eau chaude, le transportent à tour de rôle dans les régions de l'inconnu à la recherche de la dissolution plus parfaite de sa résine. A certains moments il revoit son Mémoire. Un beau jour il en fait faire une copie par son fils qui, dans un de ses voyages à Paris, l'apporte à La Condamine. Le savant s'était engagé à le relire. Il fait mieux : çà et là il y donne quelques retouches : il a passé toute une nuit à cette besogne.

« Du 3 au 4 février 1765.

Monsieur,

Il est trois heures et demie quand j'achève la seconde lecture de ce Mémoire et les remarques que j'ai promises à Monsieur votre fils qui doit l'envoyer chercher demain matin. Vos expériences sont fort curieuses; mais pour insérer ce Mémoire dans le Recueil des Savants étrangers, il faut retrancher toute mention du ministre qui ne trouveroit pas bon qu'on en parlât, ayant quelques vues sur l'usage de cette résine. C'est Monsieur de Vaucanson qui a sollicité ces ordres, et c'est quelque machine qu'il médite : je ne crois pas que ce soit de grands tuyaux.

J'ai coupé des anneaux de résine; je n'ai pu venir à bout de les souder en chauffant les deux bouts à la chandelle, les rapprochant et les laissant refroidir; l'anneau se rompoit au même endroit, ou il restoit plus mou et moins élastique après une réunion imparfaite.

Je remets le Mémoire à M. votre fils, et je crois qu'il est à propos que vous le fassiés recopier en supprimant toute mention de ministre, et le donnant sous le titre de : *Nouvelles expériences sur la dissolution et les usages de la résine élastique qu'on tire de l'arbre appelé par les Portugais du Para Bois de Seringue et Cahoutchouc à Quito,* découverte

—1747?—à Cayenne. (Mandés-moi en quelle année ?) Je parlerois d'abord de vos premières expériences que j'ai communiquées à l'Académie dans un Mémoire inséré dans le Recueil de 1751. Je dirois ensuite que ces expériences ont donné lieu à diverses questions qui vous ont été faites, et celles-ci à de nouvelles expériences dont vous rendés compte dans celui-ci. Je n'ai pas eu le tems de lire, avec la même attention que le reste, les deux dernières pages. Votre expérience pour comparer la différence des volumes d'une masse de résine gelée ou non gelée et réduite au degré du thermomètre qui marque le tempéré des caves de l'Observatoire, 10 1/2 au-dessus de la congélation, m'a paru bien entendue, mais j'ai trouvé quelque obscurité dans le détail du procédé, du moins à la première lecture; mais je veux que ceci soit prêt pour le remettre demain à M. votre fils qui a une occasion prochaine pour vous renvoyer le Mémoire.

Je vous conseille de mettre d'abord tout de suite les questions qui vous ont été faites ou que vous vous êtes proposées vous-même, et ensuite vos tentatives ; cela vous dispensera de plusieurs détails et de répétitions. Cependant conservés la même forme que vous avés suivie, si vous l'aimés mieux, et si cela vous gêne. Peut-être est-elle la meilleure et la plus méthodique; mais ne parlés ni de M. Bertin ni de la Cour. Vous avés du tems ; le volume n'est pas encore bien avancé d'imprimer ; je ne veux pas qu'il passe entre les mains de plusieurs chimistes qui le garderoient longtems, et peut-être vous chicaneroient. Quand il sera mis au net et que vous l'aurés revu à loisir, je ne demanderai qu'un seul commissaire avec moi, et peut-être serai-je chargé seul de l'examen pour le faire imprimer dans le 5e tome des Mémoires présentés à l'Académie par des Savans étrangers.

Je vous embrasse de tout mon cœur et je vais me coucher. Votre ami et serviteur :

La Condamine. »

En haut de la copie, l'académicien avait mis un titre qui diffère un peu de celui qu'on trouve dans sa lettre. Voilà celui que l'auteur adopta :

« Mémoire sur la Gomme Elastique, par M. Fresneau, ancien ingénieur du Roy, chevalier de Saint-Louis. Nouvelles expériences sur la dissolution et les usages de la Résine Elastique qu'on tire de l'arbre appelé par les Portugais du Para Bois Seringue et Cahoutchou à Quito, selon le rapport de M. de La Condamine, découverte par M. Fresneau en 1747. »

Le Mémoire n'a point paru, je ne sais pour quel motif, dans le Recueil des Savants étrangers. Fresneau avait conservé les divisions de sa Réponse au ministre. On voit, d'après plusieurs ébauches de sa main qu'il en avait remanié à fond certaines parties, entre autres celle où il relatait les origines de sa découverte de la dissolution de la résine et décrivait le détail de son procédé. Il avait aussi préparé un préambule, témoin ce fragment :

« La découverte qu'après 14 ans de recherches et de voyages je fis à Cayenne de l'arbre Seringue et de la Résine Elastique, me conduisit alors à une foule d'expériences dont j'ay rendu compte en gros dans un Mémoire inséré en 1751 dans l'Histoire de l'Académie royale des sciences, à la suite de celuy que sur cette matière M. de La Condamine donna au public. Ce Mémoire, premier fruit de mon travail, lu par des lecteurs attentifs, a donné lieu tout récemment à bien des questions qu'on m'a proposées. Ces questions, pour y répondre, m'ont engagé dans des expériences nouvelles dont je crois devoir donner le détail dans un Mémoire nouveau qui pourra être utile et amuser les curieux. »

A ce début on reconnaît l'application des conseils de La Condamine.

Le bruit de la découverte de Fresneau commençait à se répandre dans le public. On a vu que Vaucanson cherchait à adapter le caoutchouc à quelques-unes de ses inventions de mécanique. Le gouvernement, pénétré de plus en plus des ressources que pouvait offrir cette matière, avisait au moyen de s'en procurer pour les études auxquelles il conviait les savants. En 1768, Bertin, profitant de l'envoi à Cayenne du chevalier de Balzac qui connaissait déjà le pays, le chargeait « d'y répéter les expériences de M. Fresneau, » et, à cette fin, le recommandait au bon accueil et aux lumières de Baron. Deux chimistes, Hérissant et Macquer, chacun de leur côté, venaient d'expérimenter l'huile de Deppel et l'huile de térébenthine rectifiée, et avaient obtenu le ramollissement de la résine durcie. Macquer, poursuivant ses expériences, parvenait, au moyen de l'éther, à restituer complètement à la résine ses qualités originelles, et il en faisait l'objet d'une communication à l'Académie des sciences. Ce succès ne laissa pas que d'émouvoir la fibre sensible de l'amour-propre de Fresneau. A cette occasion, échange de correspondance entre les deux expérimentateurs. Je n'ai pas la lettre de l'ingénieur, mais on en devine la note dominante : une sorte de revendication de paternité et la crainte du silence sur ses travaux. La lettre du célèbre chimiste dut bien le rassurer :

« A Paris, ce 9 juillet 1768.

Il est vrai, Monsieur, que j'ai lu à la dernière assemblée publique de l'Académie des sciences un mémoire sur la dissolution de la résine élastique, dans lequel je donne le procédé pour la dissoudre par l'éther très rectifié, de manière qu'elle se sèche ensuite et conserve toute son élasticité. C'étoit Monsieur Bertin qui m'avoit engagé à travailler sur cette matière. Comme vous y aviez beaucoup travaillé vous-même, cette découverte ne pouvoit manquer de vous intéresser, et je me serois fait un plaisir et un devoir de vous en faire part, si j'avais sçu votre adresse. Le mémoire qui en contient le détail n'est point encore imprimé et ne le sera que dans quelques années dans le recueil de l'Académie. Si cependant vous désirés d'en avoir communication plus tôt, j'en ferai faire une copie que je vous enverrai. Vous y verrez, Monsieur, que je vous ai cité avec tous les éloges que vous mérités à si juste titre, et que j'ai fait mention de vos travaux et de vos découvertes autant que j'ai pu en avoir connoissance par le mémoire de 1751. Vous verrez aussi que j'ai essayé de dissoudre la résine par l'huile essentielle de térébenthine la plus éthérée et la plus volatile qu'il soit possible d'avoir, mais qu'elle n'a pu réussir ; enfin que je ne me suis déterminé à employer l'éther, qui est prodigieusement cher, puisqu'il vaut 12 livres l'once ou 182 livres la livre, qu'après avoir inutilement tenté tous les autres moyens moins dispendieux que j'ai pu imaginer. Je suis bien charmé au reste, Monsieur, que cette occasion m'ait procuré l'avantage de faire connoissance avec vous et de vous assurer de l'estime et de la considération parfaites avec lesquelles j'ai l'honneur d'être, Monsieur, votre très humble et très obéissant serviteur :

MACQUER. »

On est en 1769. Je rencontre à cette date dans l'existence de Fresneau un incident de nature tout à fait intime, un trait de mœurs qui touche à la question sociale et humanitaire de l'esclavage : ce peut être un hors d'œuvre, mais il ne manque pas d'intérêt, et je ne résiste guère au désir de le faire connaître :

L'apprentissage de la liberté fut rude pour les noirs.

Fresneau avait recueilli à Cayenne une enfant du nom de Françoise, autrement dite Fanchette, fille d'une négresse et d'un indien. Elle avait quatre ans en 1746. L'ingénieur l'emmena avec lui en France dès cette époque. L'enfant ne quitta plus la maison. Dans une maladie grave que fit son maître, elle le soigna, au dire de celui-ci « avec plus de zèle, d'attachement et de fidélité qu'il n'en devoit attendre d'une esclave. » Or il advint qu'en 1763 le gouvernement, soucieux de rendre aux Colonies le plus de bras possible pour la culture, prescrivit le rapatriement de tous les nègres, négresses, mulâtres et mulâtresses esclaves. Cette disposition atteignait Fanchette. Pour éviter le renvoi de la pauvre fille, dont la santé était fort délicate, Fresneau, qui tenait du reste à la récompenser de ses bons services, lui avait donné la liberté, et en avait fait la déclaration en règle par devant le subdélégué de l'intendant de La Rochelle à Marennes. Fanchette semblait être à tout jamais garantie contre la mesure du rapatriement. Erreur : la mesure la touchait par un autre côté : la liberté ne lui avait pas enlevé sa couleur de paria. La pauvre Fanchette ne s'était-elle pas avisée de vouloir épouser un blanc ! Le gouvernement avait mis son veto sur ces sortes d'unions — c'était tout simplement immoral — et il exigea le renvoi immédiat de la mulâtresse. Fresneau s'en émeut et il imagine un biais qui va peut-être sauver la situation. « Plein de respect pour l'autorité, je me soumettrai, écrit-il au ministre, mais Votre Grandeur me permettra-t-Elle de luy faire observer qu'il me sembleroit qu'on pourroit laisser Fanchette en France, et remplir cependant les vues qui ont déterminé son renvoy aux Isles. C'est à coup sûr le mariage qu'elle a paru méditer avec un blanc qui en est le motif. Ne pourroit-on pas luy interdire toute union et la souffrir alors en France, comme une foule de ses semblables ? Auroit-on surpris la religion de Votre Grandeur en luy avançant que Fanchette étoit esclave ? » Il le répète : elle est libre et parfaitement libre ; elle a des gages annuels ; elle peut, s'il lui convient, se placer ailleurs ; seulement il demande à la garder, par humanité, car elle n'est guère en état de servir : elle a des crises d'asthme d'une violence telle que sa vie est constamment en danger. Qu'on ne renvoie pas Fanchette ; qu'on lui défende de se marier ! Voilà tout.

Rien n'y fait. Malgré les remontrances respectueuses de son maître, on vient arrêter la malheureuse fille. On l'emmène à Rochefort pour être embarquée. Le vaisseau n'est pas encore prêt à prendre la mer : il ne partira que dans trois semaines ; Fanchette attendra l'heure du départ en prison. Fresneau, que ce procédé indigne, intervient auprès de l'intendant. Il a des appels vibrants et pleins de cœur : Ne la conduisez pas en prison ; elle est malade ; mettez-la à l'hôpital; on ne peut vraiment pas la traiter comme une esclave ; elle est libre ! elle a promis de renoncer à son mariage : « Elle ne veut plus penser à une union qui a déplu. » Si pareil sacrifice ne vous désarme pas ; si, par force, vous l'emmenez à Cayenne, au moins qu'elle y rentre avec la liberté qu'elle a gagnée en France ; qu'elle ne soit pas vendue. Et cette prière fut-elle encore impuissante, Fresneau déclare donner Fanchette à son beau-frère Baron pour en disposer comme bon lui semblera.

Qu'a résolu l'intendant ? Je ne connais pas la fin de ce petit drame d'intérieur.

L'année suivante, Fresneau tombait malade. Fanchette a-t-elle pu veiller encore au chevet de son maître ? La maladie cette fois ne pardonna point ; et l'ancien ingénieur mourait à Marennes, le 25 juin 1770.

Il n'était cependant pas mort tout entier. Il restait de lui une découverte, qui, ce me semble, aurait dû préserver sa mémoire de l'indifférence et de l'oubli. Il avait ouvert un large sillon à l'ingéniosité humaine. Grâce à lui, le caoutchouc avait fait son entrée dans le monde. La chose était lancée et prenait place au soleil. L'industrie la manipula à sa fantaisie ; elle se laissa faire : elle se pliait, elle se prêtait, substance merveilleuse en vérité, à toutes les combinaisons, à tous les caprices de la fabrication, ne disant jamais son dernier mot, ajoutant sans cesse nouveautés sur nouveautés au défilé prodigieux de ses applications disparates, sérieuses ou futiles, sacrées ou profanes : articles de Paris et de mathématiques, jouets d'enfants, objets de dessin, de ménage, de vaisselle et de religion, éventails et instruments de chirurgie, habillements et bouchons, mobilier, carrosserie, vélocipédie, toilette, chimie, physique, bâtiment, touchant à tout, jusqu'à la politique, avec ses consciences en caoutchouc.

TABLE

SOUS FORME D'INVENTAIRE DE TOUS LES DOCUMENTS MANUSCRITS ORIGINAUX, RELATIFS A LA DECOUVERTE ET AUX EXPERIENCES DE FRESNEAU SUR LE CAOUTCHOUC, MIS EN ŒUVRE DANS CETTE ETUDE.

1746, 19 février. — Lettre de Fresneau à Monseigneur de Maurepas. Il lui annonce sa découverte et l'envoi d'une paire de bottes faite avec un lait d'arbre mixtionné.

1748. — « Mémoire des services du sieur Fresneau, chevalier de l'ordre militaire de Saint-Louis, capitaine d'infanterie, ingénieur en chef à Cayenne en Amérique, et de ce qu'il a fait de plus remarquable, tant pour le service du Roy que pour celuy de la Colonie. »

1749, 17 juin. — Lettre de Fresneau à Monseigneur Rouillé, accompagnée d'un Mémoire sur la Résine Elastique et de plusieurs essais de sa fabrication. Le ministre est prié de remettre le Mémoire, après l'avoir lu, à l'Académie des sciences.

9

1750, 25 mars. — Lettre de Rouillé à M. Fresneau. — « Projet pour l'établissement d'Aprouague proposé à Monseigneur Rouillé par le sieur Fresneau, chevalier de Saint-Louis, cy-devant ingénieur à Cayenne. »

1762, 3 décembre. — Lettre du ministre d'Etat Bertin à Fresneau. Demande d'éclaircissements sur « le Mémoire cy-joint » et de réponses sur quatre articles énoncés dans la lettre.

11 décembre. — Lettre de Fresneau à Bertin.

1763, 1er janvier. — Lettre de Fresneau à Monsieur de La Condamine, des Académies française et royale des sciences.

21 janvier. — Lettre de La Condamine à Monsieur Fresneau, chevalier de l'ordre militaire de Saint-Louis, ancien ingénieur de la marine, à Marennes.

22 janvier. — Lettre de Fresneau à La Condamine.

12 février. — Lettre de Fresneau à Bertin. Il lui adresse : 1° « Réponse à un Mémoire sur la Résine Elastique envoyé de Versailles le 3 décembre 1762 par Monseigneur Bertin, contrôleur général et ministre d'Etat, à M. Fresneau, ancien ingénieur du Roy, chevalier de Saint-Louis, à Marennes. — Supplément à ce Mémoire. — Contenu du paquet que j'envoye avec le présent Mémoire à Monseigneur Bertin, contrôleur général, ministre d'Etat, le 12 février 1763. » — 2° « Réponse aux quatre questions que fait Monseigneur Bertin, contrôleur général, ministre d'Etat, à M. Fresneau, par sa lettre du 3 décembre 1762. »

16 février. — Lettre de Fresneau à Bertin.
23 février. — Lettre de Bertin à Fresneau.
23 février. — Lettre de Fresneau à Bertin.
25 février. — Lettre de La Condamine à Fresneau.
6 mars. — Lettre de Bertin à Fresneau.
16 mars. — Lettre de Fresneau à Bertin.
22 mars. — Lettre de La Condamine à Fresneau.
17 avril. — Lettre de Bertin à Fresneau.
27 avril. — Lettre de Fresneau à Bertin.
30 juin. — Lettre de Fresneau à Bertin.
1765, 3 au 4 février. — Lettre de La Condamine à Fresneau.

— « Mémoire sur la Gomme Elastique par M. Fresneau, ancien ingénieur du Roi, chevalier de Saint-Louis. »

C'est le Mémoire adressé à Bertin en 1763, copié par le fils de Fresneau, avec nombreuses annotations de La Condamine et modifications de l'auteur. La couverture porte divers développements de nouvelles expériences à la date du 30 mai 1765.

Sans date. — « Recherches faites par le sieur Fresneau, chevalier de Saint-Louis, cy-devant ingénieur en chef à Cayenne, sur la manière de pouvoir employer utilement le Caoutchouc ou la Résine Elastique ailleurs que sur les lieux où on le ramasse. »

1768, 20 mai. — Copie d'une lettre de M. Bertin au sieur Baron, ingénieur de la marine, à Cayenne.

9 juillet. — Lettre de Macquer, de l'Académie des sciences, à « Monsieur Fresneau, chevalier de Saint-Louis, à Marennes, par La Rochelle. »

Sans date. — « Définition de la sève laiteuse de l'arbre Seringue. » De la main de La Condamine sur l'adresse d'une lettre de Mme d'Ambres à M. de La Ruchauderie.

— « Nouvelles expériences sur la dissolution et les usages de la Résine Elastique qu'on tire de l'arbre appelé par les Portugais du Para bois Seringue et cahoutchou à Quito par M. Fresneau, ancien ingénieur du Roy, chevalier de Saint-Louis. » — Diverses expériences de dissolution avec l'eau chaude, l'alcali, etc.

C'est un fragment du début de son Mémoire revu en 1765 pour le Recueil des Savants étrangers.

— Autre fragment de Mémoire. « Pour l'ordinaire les découvertes heureuses qui se font ne se trouvent pas tout à coup ; il faut souvent bien du temps, des tentatives et des peines avant d'atteindre au but que l'on se propose, et ce n'est que par des expériences réitérées d'induction ou au hasard qu'on doit les plus fameuses découvertes. Je puis mettre aujourd'huy dans le premier de ces deux cas, celle de modeler en France la Résine Elastique, etc., etc. »

Série de fragments : Expériences pour obtenir la séparation de l'huile de noix au moyen du salicot, etc.

— Autres expériences avec le salicot, etc.

— Expériences de dissolution avec le sel volatil de suie, l'esprit de nitre, la chaux, la soude, l'alcali, le sel de succin, l'huile d'olives, l'huile d'amandes douces, etc. On y relève la date du 6 mai 1765.

— Expériences à l'huile de vitriol. « Il suit de

cette expérience qu'il n'est pas possible d'employer la Résine Elastique de la même manière qu'on l'emploie sur les lieux en la Guyane, dans quelque dissolution d'huile que ce puisse être. »

— Observations sur ce qu'il serait possible de faire à Cayenne avec la sève laiteuse unie à l'huile de noix pour son transport en France, et la séparation ultérieure de la sève laiteuse et de l'huile.

— Expériences en vue de la séparation de la Résine Elastique dissoute d'avec l'huile de noix.

— « Expériences de la Résine Elastique dégelée. »

— Notes sur des essais de dissolution avec l'huile de noix.

— Notes sur des essais de diverses substances.

ERRATUM

Page 29, ligne 3. — Villiers-l'Isle-Adam, *au lieu de* Villiers-Adam.

IMPRIMÉ

Sur les presses de NOEL TEXIER,

TYPOGRAPHE, A LA ROCHELLE

1893.

TIRÉ A 300 EXEMPLAIRES.

www.ingramcontent.com/pod-product-compliance
Ingram Content Group UK Ltd.
Pitfield, Milton Keynes, MK11 3LW, UK
UKHW021536260726
13993UKWH00002B/531